软件工程案例教程

佟玉军　伊华伟　徐　阳　梅红岩　白　冰　编著

北京理工大学出版社
BEIJING INSTITUTE OF TECHNOLOGY PRESS

内 容 简 介

本教材内容由四部分组成：基础篇、开发篇、管理篇、案例篇。基础篇主要介绍软件工程概述和面向对象概述。开发篇主要介绍系统分析、系统设计和系统实现。管理篇主要介绍软件维护和项目管理的方法、过程和技术。案例篇介绍了一款面向对象软件开发方法下的实际软件项目的开发过程。

本书可作为普通本科软件工程专业的"软件工程"课程教材，也可供从事软件行业的技术人员参考。

图书在版编目（CIP）数据

软件工程案例教程／佟玉军等编著. ––北京：北京理工大学出版社，2023.2

ISBN 978 – 7 – 5763 – 2122 – 7

Ⅰ. ①软… Ⅱ. ①佟… Ⅲ. ①软件工程-案例-教材

Ⅳ. ①TP311.5

中国国家版本馆 CIP 数据核字（2023）第 032959 号

出版发行／北京理工大学出版社有限责任公司

社　　址／北京市海淀区中关村南大街5号

邮　　编／100081

电　　话／（010）68914775（总编室）

　　　　　（010）82562903（教材售后服务热线）

　　　　　（010）68944723（其他图书服务热线）

网　　址／http：//www.bitpress.com.cn

经　　销／全国各地新华书店

印　　刷／唐山富达印务有限公司

开　　本／787 毫米×1092 毫米　1/16

印　　张／11　　　　　　　　　　　　　　　　　　　　　责任编辑／时京京

字　　数／260 千字　　　　　　　　　　　　　　　　　　文案编辑／时京京

版　　次／2023 年 2 月第 1 版　2023 年 2 月第 1 次印刷　　责任校对／刘亚男

定　　价／72.00 元　　　　　　　　　　　　　　　　　　责任印制／李志强

图书出现印装质量问题，请拨打售后服务热线，本社负责调换软件工程概念自 1968 年提出以来，历经半个多世纪的发展，形成了一系列较为优秀的软件开发方法、技术和工具，促进了软件行业的快速发展。目前，软件工程课程已成为软件工程、计算机科学与技术等本科专业必修的一门专业课程，通过软件工程课程的学习能够掌握结构化软件开发和面向对象软件开发的方法、技术和工具，能够完成软件项目开发即系统分析、设计与实现。

党的二十大明确指出"努力培养造就更多卓越工程师、高技能人才"。软件工程作为专业核心课程在提升软件工程专业人才培养质量过程中起到了重要作用。《软件工程案例教程》依照专业能力培养目标、课程能力培养目标及毕业要求，合理设计各章的知识点，按不同能力层级配置与课程各项能力相关的习题，并实现各实验资源可在线编辑、修改、运行，通过理论学习与实践训练提升学生软件设计能力与工程实践能力，最终达成课程的能力目标要求和毕业要求。

本教材编写注重线下与线上资源结合。学生线下可以对案例进行分析设计，可以在线上编辑、修改、运行实验和实践案例，进而能够让学生对本门课程的理论学习与实践训练、课内学习与课外实践紧密结合。本套教材提供课程教案、教学视频等资源。

本教材内容由四部分组成：基础篇、开发篇、管理篇、案例篇。基础篇主要介绍软件工程概述和面向对象概述。开发篇主要介绍系统分析、系统设计和系统实现。管理篇主要介绍软件维护和项目管理的方法、过程和技术。案例篇介绍了一款面向对象软件开发方法下的实际软件项目的开发过程。

本教材由佟玉军、伊华伟、徐阳、梅红岩和白冰编著。第 1 章和第 2 章由梅红岩编写，第 3 章由伊华伟编写，第 4 章和第 5 章由佟玉军编写，第 6 章和第 7 章由徐阳编写，第 8 章由白冰和佟玉军编写。

在本教材编写过程中，参考了一些软件工程相关的文献，在此向这些的文献作者表示衷心感谢！

尽管教材编写组极尽努力，但因编者能力有限，书中难免存在待商榷之处，希望读者能够不吝指正并提出宝贵意见！

如果有读者需要本教材的课程教学大纲、实验教学大纲、课程教案、实验案例、教学视频等教学资源或有读者提出宝贵意见的，请您联系教材编写组，邮箱地址为：1256886544@ qq. com。

教材编写组
2022 年 10 月

目 录
CONTENTS

基础篇

开 发 篇

管 理 篇

案 例 篇

基础篇

第 1 章　软件工程概述

本章主要内容

　　本章主要内容包括软件工程相关概念、软件生命周期、软件过程及软件开发过程模型。具体介绍软件、文档、软件危机、软件工程、软件生命周期、瀑布模型、原型模型、增量模型、螺旋模型、面向对象喷泉模型。通过本章课程学习，能够初步应用软件工程基本概念对不同软件体进行比较，能够初步应用软件过程模型等基本知识对不同软件模型进行比较与综合。

本章学习目标

■　了解软件、文档、软件危机
■　了解增量模型、螺旋模型
■　掌握软件工程、软件生命周期
■　掌握瀑布模型、原型模型、喷泉模型

1.1　软件危机与软件工程

1. 软件

软件是程序、文档和数据的集合。IEEE 对软件的定义是：软件＝计算机程序＋实现和维护该程序相关的方法、规则等文档资料＋该计算机程序处理的相关数据。其中，计算机程序是为了解决给定的实际问题而由软件开发者用某一种或几种程序设计语言编写的语句集合；文档是软件开发过程中各个阶段的过程与结果的描述，可用于开发者之间进行交流，也可用于开发者和用户间进行交流，最终完成对软件开发过程的有效管理和软件运行阶段的有效维护；数据是程序运行过程中的输入数据、中间结果和输出数据。

文档的作用是非常重要的。没有文档的程序仅仅是程序，不能成为软件，不能称为产品。因此如何有效、规范地设计编写软件文档以提高软件开发维护效率变得越来越重要。国家也陆续出台了《计算机软件开发规范》等相关文档标准和规范，指导和帮助业界重视和提升软件文档的标准化。

软件的特质与硬件不同：

（1）硬件的制造是需要物理材料的，软件的制造不需要物理材料，是逻辑制造；硬件制造结果是物理的，软件制造结果程序、文档和数据的。

（2）硬件的合格、优良有明确的衡量标准，而软件则因其是逻辑制造而很难有明确的优良标准，因而软件的质量标准较难把握。与硬件相比，软件的这些特点提升了软件开发和维护的难度，因此，必须采用正确的、合适的软件开发和维护方法，才能开发出高质量的软件。

（3）软件是易变的，在软件运行过程中可以根据实际需求的变化对软件进行修改和完善，而硬件就比较困难了。

2. 软件危机

软件危机是指在软件开发维护过程中出现的一系列严重问题，如软件规模不断加大，复杂度不断增加，开发技术和开发过程管理难度增加，最终导致软件研发失败或难以使用。解决方法和途径：引入工程化思想，充分认识软件需求分析工作的重要性，准确定义软件系统的各项需求；重视、规范软件开发各阶段的资料归档、文档撰写工作；采用适合的先进的软件开发方法、技术和工具；严格进行软件过程管理，严把软件质量关，做好软件开发过程中各项测试工作。

3. 软件工程

自 1968 年第一届 NATO 会议上首次提出软件工程的定义以来，1983 年 IEEE、2006 年国家标准《软件工程术语》以及一些学者均给出了软件工程的定义，但还没有一个统一的定义。

概括地说，软件工程是指导软件开发与维护的一门工程学科。它将工程化的概念、原理、技术和方法引入软件开发和维护过程中，采用正确的工程管理技术和先进的软件开发技术，在规定的时间内开发出高质量软件并有效维护。软件工程是一门交叉学科。

4. 软件工程基本原理

著名软件工程学家 B. W. Boehm 于 1983 年总结了之前多位软件工程专家学者的软件开发经验规则，并在此基础上提出了保证软件产品质量和开发效率的软件工程基本原理，主要包括：

（1）软件生命周期划分阶段；

（2）进行阶段严格评审；

（3）实行严格的产品控制；

（4）采用现代程序设计技术；

（5）结果应能清楚审查；

（6）开发人员应该少而精；

（7）不断改进软件开发过程。

1.2 软件生命周期

软件开发是软件开发者根据用户实际需求，定义所开发的软件需求，并设计软件、编码实现软件、测试软件以保证软件能够投入实际使用的过程。

软件生命周期是指从软件被提出到开发、使用直到报废的时间。具体可分为软件定义、软件开发、软件维护三个阶段。其中软件定义可分为：问题定义、可行性研究、需求分析三个阶段；软件开发可分为系统设计、系统实现两个阶段。系统设计又可分为总体设计和详细设计，系统实现又可分为编码与系统测试，具体如下：

问题定义：明确用户所面临的问题，确定软件开发的目标、规模与范围，提交相关文档，需要通过用户的审核与确认。

可行性研究：系统分析员在最短的时间内以最小的代价确定用户所面临的问题能否解决，若不能实现需给出理由，若可以实现应给出不同的系统实现方案，并从技术可行性、经济可行性、社会因素可行性等方面进行分析，最终提交可行性分析报告。

需求分析：该阶段主要任务是明确软件系统需要完成哪些任务，如实现哪些功能，处理哪些数据，达到哪些性能指标，安全性、完整性等级等要求，需要与用户密切合作，最终形成系统需求规格的说明书。

总体设计：该阶段根据系统需求分析结果导出软件结构图，设计软件系统总体数据结构和数据库并优化。

详细设计：该阶段主要是设计软件结构图中各个功能模块实现所需的数据结构、实现算法以及执行过程，并用工具进行描述。此外，还要设计软件系统体系结构、文件结构和相关界面。

编码：该阶段是采用适合具体软件系统的程序设计语言和软件工具编写模块、界面等的代码。

系统测试：该阶段是软件交付前的最后一个阶段，主要是测试软件各项指标是否达到需求规格说明书中的要求。

软件维护：软件维护是软件交付使用后，对可能会出现的错误、用户提出的新需求等采取的系列活动，目标是维持软件系统持久运行并满足用户需求。

1.3　软件过程模型

软件过程模型是指软件开发者在软件开发过程中逐步形成的经验模型，与软件系统的规模、领域和开发方法等关联密切。常见的软件过程模型有以下几种：

1. 瀑布模型

瀑布模型义如其名，是经典的生命周期模型，其流程与软件生命周期顺序一致。瀑布模型的特点：前一阶段任务完成后要提交相关文档，且评审合格才能开始下一段任务，同时后一阶段工作是在前一阶段结果基础上展开。该模型强调了软件各开发阶段间的顺序性和依赖性，也强调了推迟实现以更好地完成系统分析设计工作。瀑布模型适合于需求明确且无大的变化的大型软件开发，不适合需求易变、周期短、急交付的软件开发。

2. 快速原型

快速原型是指开发者先用尽可能短的时间开发出一个可运行的系统基本框架，然后由用户试用并提出修改建议，开发者据此进行修改后再由用户试用再提出修改建议，再改，如此循环直到用户满意为止。快速原型能够使开发者方便、有效地和用户进行沟通，能加快软件开发速度。该方法适用于用户需求不清且易变、周期短、规模小的软件开发。

3. 增量模型

增量模型以构件（模块）为单位逐个开发与交付，直到全部构件开发完成并被集成到系统之中并可交付给用户使用。增量模型的第一个增量构件一般都是软件的核心构件（模块）。

4. 喷泉模型

喷泉模型是用面向对象软件开发方法开发软件的过程模型。"喷泉"本意是描述喷泉喷出的水再回到池中再继续喷出这一循环过程，意在表达面向对象软件开发过程中各阶段的无缝衔接。无缝衔接是指在分析、设计、编码之间不存在明显的边界。该模型下的软件开发效率较高。

1.4　本章题解

1. 基本认知能力训练

填空类：

（1）软件危机是指在计算机软件开发和（维护）过程中所遇到的一系列严重问题。

（2）硬件是计算机系统中的物理部件，软件是计算机系统中的（逻辑）部件。

（3）一个软件从定义、开发、使用和维护，直到最终被废弃，这段时期称为软件的（生命周期）。

（4）软件工程是指导计算机软件（开发）和（维护）的一门工程学科。

（5）软件工程包括（计算机技术）和工程管理两方面，需要技术与管理紧密结合。

（6）目前使用最广泛的软件工程方法，分别是（结构化方法）和（面向对象方法）。

（7）概括地说，软件生命周期由（软件定义）、（软件开发）和（软件维护）三个阶段组成，每个阶段又进一步划分为若干个详细阶段。

（8）瀑布模型只有到开发结束才能见到整个软件系统，（不）适合需求可变的软件开发。

选择类：

（1）软件是一种（B）产品。

A. 物质　　　　　B. 逻辑　　　　　C. 具型　　　　　D. 消耗

（2）软件工程是一门（B）学科。

A. 理论性　　　　B. 工程性　　　　C. 逻辑性　　　　D. 研究性

（3）软件工程学科出现的主要原因是（C）。

A. 操作系统的发展　　　　　　　　B. 管理学科的影响

C. 软件危机的出现　　　　　　　　D. 计算机制造业的影响

（4）软件危机主要表现在以下（D）方面。

①软件开发成本越来越高　②软件需求变化难以满足

③软件项目进度难以控制　④软件质量难以保证

A. ①②　　　　　B. ②③　　　　　C. ①③④　　　　D. ①②③④

（5）与所开发程序的功能、设计流程等相关的文字、图表等称为（B）。

A. 软件　　　　　B. 代码　　　　　C. 文档　　　　　D. 数据

（6）程序及其相关文档称为（D）。

A. 数据　　　　　B. 文档　　　　　C. 程序　　　　　D. 软件

（7）问题定义阶段必须回答的问题是（A）。

A. 目标系统要解决什么问题　　　　B. 目标系统具备哪些功能

C. 怎样实现目标系统　　　　　　　D. 如何具体实现目标系统

2. 综合理解能力训练

（1）软件危机有哪些表现？

答：1）对软件开发成本和进度的估计出现严重偏差；2）用户对开发完的软件经常不满意；3）开发完的软件质量不可靠；4）开发完的软件很难维护；5）开发完的软件几乎没有相应的文档；6）软件开发成本逐年上升；7）软件开发速度慢，跟不上社会需求。

（2）什么是软件过程？它与软件工程方法学有何关系？

答：软件过程是完成软件开发所必须的各项任务的工作步骤。各项任务包含了所采用的技术方法、应该交付的文档以及过程管理措施。软件过程是软件工程方法学的3个重要组成部分之一（方法、工具、过程）。

（3）瀑布模型有何特点？

答：1）瀑布模型严格规定了软件生命周期每个阶段要提交的文档及采用的开发方法和技术，而且每个阶段的结果必须要被审核，通过后才能进入下一阶段。

2）瀑布模型是功能（文档）驱动的，因此对规格说明依赖度较高，与实际情况会有所偏离，可能会导致软件产品不能满足用户实际需要。

（4）软件危机的产生有哪些因素？软件危机包含哪些方面的问题？

答：1）软件危机的产生与软件本身的特点有关，也和软件开发与维护采用的方法、技术不正确有关。

2）软件危机一般包含两方面的问题：一是如何完成软件的开发，以满足社会对软件需求的日益增长；二是如何维护数量不断增长的已有软件使之运行更久远。

（5）软件工程的基本原理包含哪些内容？

答：1）用分阶段的生命周期计划严格管理；2）各阶段评审；3）严格的产品控制；4）采用现代程序设计技术；5）结果应能清楚地审查；6）开发小组人员应少而精；7）不断改进软件工程实践。

3. 逻辑运算能力训练

美国一家公司在二十世纪八十年代初计划用 P 语言开发一个在计算机上运行的应用软件，这个软件的代码行为 20 000 条 P 语言语句。如果平均每人每天可以开发出 50 条 P 语句，则：（1）开发此软件要用多少人？（2）假设程序员月工资 8 000 美元，每月 25 个工作日，这个软件的成本是多少？（3）若该项目的硬件价格约为 100 000 美元，则这个软件成本占比总成本多大比例？

解：（1）20 000 条÷50 条/日＝400（日），因此如果一个程序员开发这个应用程序大约需要用 400 日。

（2）开发这个软件需要用 400 日÷25 日/月＝16（月），每个程序员月工资 8 000 美元，则该软件开发成本约为 16 月×8 000 美元/月＝108 000（美元）。

（3）该软件成本在总成本中占比为：108 000÷（108 000+100 000）＝51.9%。

第2章 面向对象概述

本章主要内容

本章主要内容包括：面向对象相关概念、面向对象建模及过程模型。具体介绍类、对象、消息、继承、封装、多态、对象模型、功能模型、动态模型。通过本章课程学习，能够初步应用面向对象基本概念理解用面向对象方法开发的不同软件，并能够初步应用面向对象等知识对不同对象模型进行比较。

本章学习目标

■ 了解对象、属性、方法、消息
■ 掌握类、对象、继承、封装、多态
■ 掌握对象模型、功能模型、动态模型

2.1 软件开发方法

2.1.1 结构化软件开发方法

结构化软件开发方法是传统的软件开发方法，以系统功能为驱动，以系统功能实现为目标。结构化软件开发过程包括结构化分析、结构化设计、结构化实现，按其顺序依次完成，且前一阶段结果是下个阶段的前提。

结构化软件开发方法优点有以下几点：

（1）面向软件开发过程，且数据与功能分离。

（2）各阶段任务明确。

（3）结构化软件开发技术和工具为大多软件工程师熟练掌握。

结构化软件开发方法缺点也很明显，有以下几点：

（1）软件的可重用性较差。

（2）软件的可维护性较差。实践证明，用传统结构化软件开发方法开发的软件，因其可修改性差、维护困难导致维护费用较高。

（3）该方法开发出的软件往往不能完全满足用户实际需要，主要是用户参与度较低，用该方法开发软件过程中与用户的交互只集中在需求分析和验收阶段。

2.1.2 面向对象软件开发方法

基于上述原因，国际上有很多软件开发团队经过多年探索，创造了一种新的软件开发方法：面向对象开发方法，并且已日趋成熟、广泛使用。面向对象软件开发方法产生的历程概述如下：

Booch 最先指出面向对象软件开发方法是根本不同于传统的结构化软件开发方法——功能分解，面向对象的软件分解应该更接近人对客观事务的认知和理解。

Coad 和 Yourdon 在对象、结构、属性和操作方面，提出了一套系统的原则，已经在分类结构、属性、操作、消息、关联等概念中体现出了类和类层次结构。

James Rumbaugh 等人提出面向对象建模方法，该方法下的软件开发就是先对客观世界的对象建模，然后基于这些对象来进行设计，最后根据设计结果进行实现。

最后的结论是，面向对象软件开发方法就是以对象为中心，以类和继承为机制，来设计和实现相应软件系统的方法。

面向对象软件开发方法具有以下优点：（1）以对象为核心，即把软件系统看成是各种对象的集合，更接近人的思维；（2）面向对象开发方法开发的软件系统结构比较稳定，主要因为软件系统中的对象的变化一般不会太大；（3）面向对象开发方法的可重用性好，主要因为该方法包含了继承机制，大大提高了系统开发效率；（4）面向对象开发方法的可维护性好，主要因为该方法以对象为核心，软件系统结构比较稳定，容易测试和调试。

2.2   面向对象的基本概念

1. 对象（Object）

对象是软件系统中描述的客观事物的个体。它不仅能描述具体的事物，还能表示抽象的事物如规则或结构等。

对象定义1：对象是状态和操作的集合。对象的状态可用数据值来表示，对象操作即对象的行为（也可成为服务）可用函数来表示。对象将数据和操作封装其中。

对象定义2：对象是属性和方法的封装。属性即数据值，方法即函数。属性值一般只能通过对象的操作来变更。对象还有很多其他角度的定义，在相关资料中可查阅到。

2. 类（Class）

大家熟知"物以类聚、人以群分"。同样，在面向对象软件开发方法中，类（class）定义为：具有相同属性和相同行为的一组类似对象的集合。因此，类是将一组类似对象共同特征用属性来描述，将共同操作用方法来描述。对象是类的实例（Instance）。

3. 属性（Attribute）

属性包含属性名与属性值。如客观世界中某个对象圆（Circle），其半径 r（属性名）为 5.0（属性值），其圆心坐标（x，y）（属性名）为（2.1，3.1）（属性值）。将客观世界中众多此类圆对象 Circle1，Circle2 等抽象为类圆（Circle），则类圆（Circle）中的半径 r 与圆心坐标（x，y）为圆 Circle 类的属性，即属性名。

4. 方法（Method）

方法，即其类（对象）可完成的操作，也可称为服务。例如，为了让类圆（Circle）的对象能够显示周长和面积，可在圆 Circle 类中定义出计算周长和面积的方法，如周长函数：getPerimeter（float r），面积函数：getArea（float r）。

5. 消息（Message）

消息是对象之间通信的一种规格说明。具体例如：Circle1. getPerimeter（6.0），该消息由三部分组成：接收消息的对象 Circle1、要调用的方法名 getPerimeter 及这个方法需要的参数 6.0。

6. 封装（Encapsulation）

类的封装是将属性与操作封装到类的名下一致对外，是类的一种机制。封装保证了类和以类为基础的软件构件具有较高独立性。

7. 继承（Inheritance）

继承性是子类自动拥有父类的数据和方法，也是类的一种机制。继承是面向对象程序设计语言不同于其他非面向对象语言的最重要的特点。继承简化了对象、类的创建工作量，提高了面向对象代码和软件的可重性。

8. 多态（Polymorphic）

多态是指不同对象（如父类对象和子类对象）具有相同的方法（同名函数），调用该同名函数可能会有不同结果，此为多态，也是类的一种机制。多态性提高了面向对象开发的软件代码的灵活性和重用性。

除了上述概念性外，面向对象软件开发方法另一重要成果 UML，即统一建模语言（Unified Modeling Language），是软件开发过程模型的描述语言。UML 易于表达、功能强大且普遍适用，支持面向对象软件开发的各个阶段。

2.3 面向对象模型

面向对象软件开发是用对象观点对给定的问题，通过系统分析建立问题域模型，并在此基础上，逐步演变成为解域模型。该方法开发软件，需要建立三种模型即对象模型、动态模型、功能模型。

2.3.1 对象模型

对象模型是描述软件系统中数据结构的模型，也称静态模型。用 UML 建立对象模型时，UML 中描述类的符号如图 2-1 所示。由图 2-1 可知，类包含三部分：上面为类的标识或命名，中间为类的属性，下面为类的方法。

类命名原则：使用软件领域中大众能详的名词作或短语作为类名，且类名称应具有真实含义、无二义性。

UML 中对类属性定义的语法格式：

图 2-1 类的图形表示

> - 年龄 : int = 18{18 ≤ x ≥ 60 的整数}
> - 为属性可见性,可见性分三种,用符号 +、-、# 表示,即公有的、私有的、受保护的,也即 public、private、protected。括号内为取值约束。

UML 中对类方法定义的语法格式：

> +getPerimeter(float r) : float
> + 也为可见性,与类中属性的相同。冒号后面的 float 为函数调用结果返回值类型。

在对象模型中，还存在类间的关系。类之间的关系有：关联、聚集、泛化（继承）、依赖等，具体如下：

1. 关联

关联是指类间的关系，类间关系最常见的是普通关联，例如图 2-2 所示的学生学习课程，其中学习就是这两个类间的关系，与数据库概念设计中的实体间联系的含义是一致的理解。UML 中的普通关联用直线连接两个类，可在直线上设置关联的名称，在直线的两端设置关联的重数。关联的重数类似数据库中实体联系图中联系的 1∶1，1∶m，m∶n，但分类更为细致，具体为：

1··* 或 1+，表示 1 个到多个；0··* 或 *，表示 0 个到多个；1··3，表示 1 个到 3 个；3··3 或 3，表示 3 个。类间关系中默认（不写时）的重数为 1。

图 2-2 类间的普通关联

图 2-2 中学生与课程是关联两端的类，也称为角色。

当一个关联仅用普通关联的名称和重数来描述已不充分，需要从更多方面描述其信息（例如，关联也包含属性），于是就有了关联类的概念，关联类也是类，也包含属性和方法。关联类通过一条虚线与类间的关联直线连接。

2. 聚集

聚集表示类之间是整体类与部分类的关系。UML 中用菱形表示聚集。聚集可分为共享聚集和组合聚集。

共享聚集示例如图 2-3 所示，整体类中的每个课题组可以包含多个部分类的组员，部分类的各个组员也可以是整体类中多个课题组的成员（一个组员可被多个课题组共享）。

图 2-3　类间共享聚集关系

组合聚集示例如图 2-4 所示，整体类中每个窗口可以包含多个文本框、多个按钮、多个菜单、多个列表框，部分类的每个按钮、菜单、列表框只能属于整体类中的一个窗口（而不是多个窗口）。

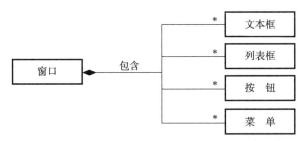

图 2-4　类间的组合聚集关系

3. 泛化

泛化关系也就是继承关系，即一般和特殊的关系。UML 中泛化的父类端为空心三角形的连线，另一端为子类。泛化关系可进一步划分成普通泛化和受限泛化。普通泛化也就是继承关系，如图 2-5 所示。其中汽车为父类，轿车和越野车为子类。

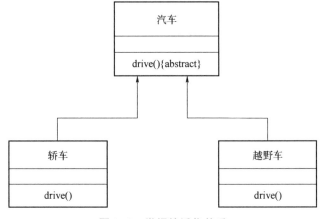

图 2-5　类间的泛化关系

4. 依赖

依赖关系是指一个类是依赖于另一个类才能存在的。UML 中用虚线箭头描述两个类之间的依赖关系，如图 2-6 所示，箭头所指为独立存在的类，另一端是依赖类。

图 2-6　类间的依赖关系

2.3.2　动态模型

动态模型也称为控制模型或行为模型，是指某对象在其生命周期中各时刻的各种状态，对象的状态可以接受事件的触发而转换到另一状态，这就形成了该对象的状态转换图，所有对象的状态转换图构成了系统的动态模型。动态模型关注的是事件和状态及事件发生和状态转换的顺序，它描述了对象间的交互行为。

1. 事件

事件是指对象在指定时刻所发生的某个瞬间行为或操作（如储户 ATM 取钱时的插卡），它是引起对象状态转换（ATM 界面因储户插卡而改变）的控制信息。

2. 状态

对象能持续保持的如 ATM 欢迎界面、密码输入界面等就是对象的状态。对象的状态也说明了其对输入事件的响应结果。

3. 状态图

状态图描述事件与状态的关系，即对象在某一状态时，因事件而变换到了新的状态。UML 中状态图用圆或圆角矩形表示状态，内有状态名（及保持状态的函数名），用箭头表示状态的转换，箭头上标记事件名称。如图 2-7 所示是客户网上购买商品的状态图。

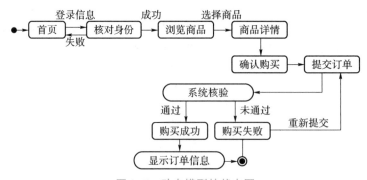

图 2-7　动态模型的状态图

2.3.3　功能模型

功能模型描述了系统发生了什么行为操作（What），动态模型确定系统行为（操作）什么时候发生（When & How），对象模型确定系统行为（操作）发生的客体（Who）。系统功能模型可用数据流图和用例图来表示。数据流图是结构化软件开发方法中的工具，用例图是面向对象软件开发方法中的工具。

用例图也称用例模型，是外部行为者（Actor）所理解的系统各个功能用例（Case）。其由系统、行为者、用例、用例间的关系、行为者与用例间关系组成，各元素描述如下：

（1）系统是一个标识系统边界及功能范围和系统名称的方框；

（2）用例是表示系统中的某个完整的局部功能模块的椭圆框；

（3）行为者是指与系统交互的人或其他系统或外部实体；

（4）行为者与用例间的关系是有关联的行为者和用例之间的连接直线；

（5）用例间的关系是指用例和用例之间的关系，分为三种：

使用关系（Use）：也称包含关系（Include），即一个用例的完成应包含另外一个或一些用例。

扩展关系（Extends）：即一个用例的后继用例，这两个用例间就是扩展关系。

泛化关系（Generalization）：即父用例和子用例的继承关系。

如图 2-8 所示是某客户网上购买商品的用例图。

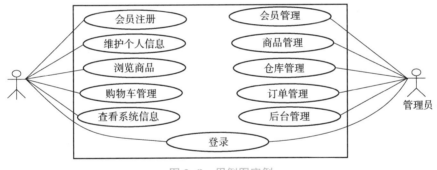

图 2-8　用例图实例

2.4　三种模型间的关系

采用面向对象软件开发方法开发软件所建立的对象模型、动态模型、功能模型是从三个不同角度描述了所要开发的软件系统，它们相互补充、相互配合、缺一不可。对象模型从对象角度描述了功能模型中的动作者及数据结构，展示了谁（Who）改变了状态和承受了操作。动态模型从操作角度描述了各个操作顺序和每个对象接收了哪些事件、产生了哪些状态变化。功能模型从功能角度描述了动态模型中的事件及状态来自功能模型中的哪些操作（功能）。

2.5　本章题解

1. 基本认知能力训练

填空类：

（1）对象实现了（属性）与（操作）的封装。

（2）类的实例化是（对象）。

（3）描述类的各个属性经常采用（数据结构）。

（4）类中的操作是对各个对象的（行为）的抽象。

（5）对象（类）之间进行信息通信的结构叫作（消息）。

（6）子类自动拥有父类地属性和方法，这种机制称为（继承）。

（7）子类只自动拥有一个而不是多个父类的属性和操作，这种机制称为（单继承）。

（8）若在不同的应用中实现某个信息的共享，这种机制通过（类库）来实现。

（9）对象模型主要包含（类）和（类间关联）两类元素。

（10）受限关联由两个类和一个（限定词）组成。

选择类：

（1）面向对象方法中，汽车与其发动机之间的关系是（B）关系。

A. 一般具体　　　　B. 整体成员　　　　C. 泛化　　　　D. 依赖关系

（2）面向对象程序设计语言与其他程序设计语言最大不同是其具有（C）。

A. 模块性　　　　B. 抽象性　　　　C. 继承性　　　　D. 共享性

（3）面向对象方法中，软件模块内部与外部访问的可分离是因为软件模块具有（B）。

A. 继承性　　　　B. 封装性　　　　C. 共享性　　　　D. 抽象性

（4）面向对象方法中，类库可以在（D）级别中实现信息共享。

A. 不同类　　　　B. 同一类　　　　C. 不同应用　　　　D. 同一应用

（5）面向对象方法中，描述动态模型的图型工具是（B）。

A. 对象图　　　　B. 状态图　　　　C. 用例图　　　　D. PAD 图

（6）面向对象方法中，单继承的类层次结构形状是（D）。

A. 直线型　　　　B. 网型　　　　C. 星型　　　　D. 树型

（7）面向对象方法中，表示对象间交互行为的模型是（D）模型。

A. 对象　　　　B. 用例　　　　C. 功能　　　　D. 动态

（8）事件具有瞬时性，状态具有（B）性。

A. 瞬时　　　　B. 持久　　　　C. 顺序　　　　D. 一致

（9）面向对象方法中，在建立对象模型开始确定类时，所有（D）都是候选类。

A. 冠词　　　　B. 形容词　　　　C. 动词　　　　D. 名词

（10）在建立对象模型过程中，常用动词或动词词组来表示（A）。

A. 类间关联　　　　B. 类　　　　C. 对象　　　　D. 关联类

（11）在面向对象领域中，占主导地位且最频繁使用的标准建模语言是（A）。

A. UML　　　　　　B. Booch　　　　　C. OMT　　　　　　D. Coad

（12）面向对象方法中，功能模型可由（A）或用例图表示。

A. 数据流图　　　　B. 概念模型图　　　C. 状态图　　　　　D. 事件追踪图

（13）A 对象通过执行 B 对象的操作（函数）来改变 B 对象的属性值，必须通过（B）来实现。

A. 接口　　　　　　B. 消息　　　　　　C. 信息　　　　　　D. 操作

（14）所有类似对象都可以抽象成为一个类，该类中应定义一组属性和（B）。

A. 说明　　　　　　B. 方法　　　　　　C. 过程　　　　　　D. 类型

（15）用面向对象软件开发方法开发的软件的体系结构与传统的结构化软件开发方法开发的软件的体系结构相比，具有（A）的优势。

A. 结构稳定　　　　B. 设计复杂　　　　C. 维护困难　　　　D. 模块独立性差

（16）面向对象方法中的每个对象均可用一组（A）和一组操作来描述。

A. 属性　　　　　　B. 功能　　　　　　C. 操作　　　　　　D. 数据

（17）面向对象方法主要特征包括封装、继承、重载和（C）。

A. 可移植　　　　　B. 完整　　　　　　C. 多态　　　　　　D. 兼容

（18）在系统总体设计过程中需要遵循的设计原则包括模块化、抽象、低耦合、高内聚和（B）。

A. 信息重用　　　　B. 继承　　　　　　C. 抽象　　　　　　D. 信息隐藏

（19）面向对象方法中，如果一个类中的属性或方法访问权限是（B）的，则其他对象中不能对其直接引用。

A. 公有的　　　　　B. 私有的　　　　　C. 受限的　　　　　D. 默认的

（20）面向对象方法的类层次结构中，某个类有上层父类，也有下层子类，这种类间关系体现了类的一个重要特征是（C）。

A. 传递性　　　　　B. 复用性　　　　　C. 继承性　　　　　D. 并行性

2. 综合理解能力训练

（1）面向对象软件开发方法有哪些优点？

答：1）面向对象软件开发方法以对象为核心，其思想与人的思维更接近，更易理解。2）软件需求变更主要功能变化，而对象一般变化不大，因而用面向对象软件开发方法开发的系统结构比较稳定。3）面向对象软件开发方法具有封装、继承等特性，因而用该方法开发的软件系统具有较好的可维护性和较高的开发效率（因为继承而有较高的可重用性）。

（2）面向对象方法中的对象与传统的数据有何不同？

答：面向对象方法中的对象是对某个问题域中某些类似实体的抽象，通过属性（数据结构）和行为（函数）来描述。而传统的数据是通过数据结构即数据元素及元素间关系来描述，一般不包含行为（函数）。

（3）面向对象方法有哪些特征？

答：面向对象特征主要有：1）唯一性，即每个对象在生存周期内都有区别于其他对象的唯一标识。2）类聚性（抽象性），即每一组属性和行为相同的类似对象，可以抽象成为一个类。3）封装性，即将属性和操作封装于一个类内，通过消息才能访问其内部信息，实现了信息隐蔽。4）继承性，即子类自动拥有父类属性和方法的机制，可提高编程效率。5）多态性，即不同类型对象上具有相同的操作（同名函数），因此调用该函数会得到不同结果。

（4）面向对象软件开发过程中为何要建立各种模型？

答：模型是对客观世界事物的一种抽象和表述，它抽取了事物的本质特性。建模的主要目的是为了降低复杂软件系统的复杂度。例如，通过模型可以把复杂软件系统分解为若干个子系统，子系统也可分解为若干模块，最终能降低软件系统开发的复杂度。

（5）如何理解对象模型？并举例说明其泛化关系。

答：1）对象模型描述的是软件系统的静态结构，它是从客观世界的角度描述对象（类）及对象（类）间的相互关系。对象模型是面向对象建立的三个模型的核心。泛化关系和聚集关系是对象模型中的两种类层次结构。2）泛化关系，即是父类子类的继承关系。示例如图2-9所示。

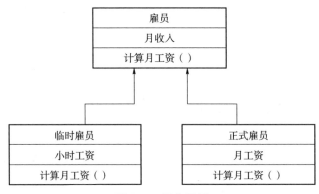

图2-9　泛化示例

（6）如何理解面向对象软件开发方法能更好地避免软件危机？

答：面向对象开发方法本质上是模拟人对客观世界问题的理解和处理方式，能使问题域空间与问题解域空间尽可能在结构上保持一致、稳定，因此更适合大型软件系统开发。而面向对象方法的封装、继承、多态等机制提高了软件系统的开发效率和可维护性，因而能够避免软件危机的出现。

（7）面向对象软件开发方法中，UML语言有何优点？

答：1）UML语言是统一的建模语言。它消除了过去多种面向对象建模语言在概念上、语义上和符号上的差异，已经成为面向对象软件开发领域的标准的统一建模语言。2）UML语言支持面向对象的概念，适合于各种系统的面向对象建模，在软件界应用广泛。3）UML语言具有可视化特点，它用不同的图形元素来描述软件系统的各个成分，图形简单且直观。

3. 逻辑分析能力训练

（1）选填下列空白并分析原因。

面向对象建模中，对象（类）是面向对象模型的（A），每个对象（类）可用它自己的一组（B）和可执行的一组（C）来表述。应用程序通过执行对象的（C）可改变该对象的（B），但必须通过（D）的传递，这种传递与函数调用类似。如果一个对象没有被显式地引用，则可使该对象（E）。

A.　①基本单位　②最小单位　③最大单位　④语法单位

B. C.　①参数　②功能　③操作　④数据　⑤属性

D.　①接口　②消息　③信息　④操作　⑤过程

E.　①撤消　②休眠　③缺省　④隐式引用

A.　①　　　B.　⑤　　　C.　③　　　D.　②　　　E.　③

分析：对象（类）是对象模型中的基本单位，每个对象（类）可用的一组属性和可执行的一组操作来表述。应用程序可以通过执行对象的操作来改变该对象的属性，但必须通过消息的传递来实现，消息应该包含一个对象名、一个方法名和一个参数表（可能是空的），具体如 circle1. getPerimeter（6.0），消息的传递与函数调用类似。没有被显式引用的对象可设之为缺省。

（2）选填下列空白并分析原因。

在面向对象软件开发过程中，重用可大大提高软件开发效率，因此在设计类时应使之具有（A）性，所设计类的各个（B）都有自己的生存周期，可以描述客观世界中的一个（C）。类所包含的各个实例可（D）地被其他对象访问，可提供各种级别的（E）。类可以不具重用性，对已有的可重用的类，有两种重用方法：一种是（F）已有类，对已有类不做修改；另一种是对已有类进行（G）以得到满足要求的新的类用于新的开发中。

供选择的答案：

A.　①可重用　　②可测试　　③可用　　　④可靠

B.　①应用　　　②寿命　　　③对象　　　④软件

C.　①概念　　　②实体　　　③事件　　　④事情

D.　①可自由地　②可有控制地③可通过继承④受限制

E.　①可移植性　②可重复性　③可访问性　④继承性

F. G.　①修改　　②更新　　　③复制　　　④删除

答案：A.　①　　B.　③　　C.　②　　D.　④　　E.　③　　F.　③　　G.　①

分析：在面向对象软件开发过程中软件重用非常重要，它可大大提高软件开发效率，因此在设计软件构件或类的时候，应该使类具有可重用性。在面向对象软件开发过程中，每个对象都有自己的生命周期，一个对象可以描述客观世界的一个实体。类所包含的各个实例可受限制地（公有、私有、受保护等）被其他对象访问，可提供各种级别的可访问性（可访问、不可访问、受限制访问）。类可以具有或不具重用性，如果类具有重用性，则有两种重用方法：一种是对已有类不做修改完全拷贝该类所有信息；另一种是对已有类进行修改或改进以匹配新的需求。

开 发 篇

第3章 系统分析

本章主要内容

本章主要内容包括：结构化分析方法的可行性分析、数据流图、数据字典；面向对象分析方法的对象模型、动态模型、功能模型。具体介绍可行性分析的任务、过程与成本效益分析、数据流图的概念与构建、数据字典的元素与应用；面向对象分析过程，对象模型、功能模型、动态模型的构建。通过本章课程学习，能够初步应用结构化分析方法与面向对象分析方法对不同的软件系统进行分析，并能够应用结构化分析方法与面向对象分析方法相关的知识与技术对不同软件系统模型进行分析与比较。

本章学习目标

- 掌握成本效益分析、数据流图、数据字典
- 掌握类的三个模型与五个层次
- 掌握对象模型、动态模型、功能模型的构建方法

在使用结构化软件开发方法或者面向对象软件开发方法进行软件开发时，需要依次经历系统分析、系统设计和系统实现三个阶段。其中，系统分析尤为重要，这个阶段工作深入与否直接影响到系统的开发质量，本章主要介绍结构化分析和面向对象分析。

3.1　结构化分析

3.1.1　可行性分析

1. 可行性研究的目的及主要内容

在实际的软件开发中，许多问题都不能在预先规定的时间范围内或给定资源下得到解决。如果开发人员能够尽早地预知没有切实可行的解决方案，那么及时终止项目的开发就能够避免时间、金钱、人力和物力的浪费，因此，在发起一个项目时，首先要进行可行性研究。可行性研究的目的是用最小的代价在尽可能短的时间内确定问题是否能够解决，以及是否值得解决。进行可行性分析，可以从技术、经济、操作以及社会四个方面是否可行着手研究。

（1）技术可行性：主要考虑选择的技术是否先进以及开发人员对技术的熟悉程度；使用选择的技术能否实现系统的功能和性能需求；选择的软件系统开发语言和开发工具是否适合软件系统开发；现有的硬件、软件配置能否满足开发人员的需要；在开发过程中可能存在哪些技术难点，能否克服；参与系统开发的软件技术人员的数量和技术水平能否满足系统开发的需要。

（2）经济可行性：对系统进行效益分析与估算，将其与系统开发和运行过程中所需要的成本进行比较，即从经济角度判断系统开发是否"合算"。

（3）操作可行性：分析系统的运行方式和操作规程；使用方是否有足够的人力资源来运行新系统；用户对新系统的接受程度，即新系统开发后，在用户组织内是否可以顺利有效地实施。

（4）社会可行性：确定所开发项目是否会侵犯他人、集体或国家的利益；是否满足项目设计者的利益；是否会违反国家的法律等。

分析员根据上述四个方面对项目的可行性展开研究，进而对项目开发的行动方针提出建设性意见。如果问题没有可行解，分析员应该建议停止项目的开发，及时止损。如果问题有解，分析员应该给出相对应的解决方案，并为项目开发制订一个初步计划。可行性研究需要的时间长短取决于待开发软件的规模。一般情况下，可行性研究的成本占软件开发总成本的5%~10%。

2. 可行性研究的步骤

进行可行性研究的步骤不是固定的，与项目的类型、特点以及开发团队的能力等有关。可行性研究大体上可以总结为以下五步：

（1）明确系统的开发目标。

可行性分析人员通过访问与待开发系统相关的技术人员和管理人员、阅读并分析可以获取的与待开发系统相关的资料，确认用户需要解决的关键问题，进而明确系统的开发目标。

（2）分析研究现在使用的系统。

现有系统对待开发系统具有重要的参考价值。新开发系统应该能实现现有系统的必需功能，并在此基础上对现有系统进行修复和改进。可以从系统的组织结构、系统的处理流程和系统的数据流3个方面对现有系统进行分析。

（3）设计待开发系统的高层逻辑模型。

概括地描述系统开发人员对待开发系统的分析和设想，从宏观上设计待开发系统的高层逻辑模型。

（4）获取并比较新系统可行的开发方案。

开发人员根据提出的待开发系统的高层逻辑模型设计实现该模型的不同方案。在设计方案的过程中，要从技术、经济、社会等多个角度充分考虑各个方案的可行性。最后，从多个方案中选择出最优的方案。

（5）书写可行性研究文档。

可行性研究的最后一步是书写可行性研究文档。主要内容包括系统开发简介、可行性分析介绍和结论等。

3. 成本/效益分析

在获取了待开发系统的多种可行方案之后，对每种方案都应该从以上提到的技术、经济、操作以及社会四个方面进行可行性研究，其中经济可行性是影响系统开发决策的一个重要因素，决策的依据是开发系统获得的效益必须等于或大于系统的开发与运行成本。因此，对待开发系统进行经济可行性分析尤为重要，进行经济可行性分析就是进行成本/效益分析。

（1）开发成本。

系统的开发成本主要包括：一是基本建设投资，如计算机设备费、手机等数据通信设备费，办公室、人员住宿等环境设备办公租赁费；二是一次性支出费用，如开发软件费用、系统调研费用、培训费、差旅费、安装费等；三是非一次性支出费用，如开发人员工资费用和系统维护费等。

（2）运行成本。

系统的运行成本是指发生在软件生命周期内维持系统运行的费用。主要包括支付给维护人员和操作人员的费用，计算机系统在网络方面的费用，对计算机进行维护所支付的零部件费用和工时费用等。

（3）系统效益。

系统效益主要包括一次性效益、非一次性效益和不可定量的收益。

一次性效益包括：新系统的运行引起的花销减少，比如资源要求的减少、运行效率的提升和数据处理技术的改进等；价值的增升指由于新系统的使用价值的增加而得到的效益，如管理和运行效率的改进及出错率的减少等；其他是指如由于新系统的使用而出现了多余设备，将其出售得到的收入等。非一次性收益是指在整个系统生命周期内由于运行新系统而获得的按月的、按年的能用人民币表示的收益。不可定量的收益是指不能直接用人民币表示的收益，如由操作失误引起的风险的减少、信息掌握情况的改进、组织机构给外界形象的改善等。

（4）成本/效益分析。

对新系统进行成本/效益分析主要是通过衡量投资回收期和纯收入这2个经济指标来决

策系统是否值得开发。但是，投资是现在进行的，效益却是将来获得的，所以不能将成本和效益进行简单的比较，必须要考虑资金的时间价值。

● 资金的时间价值。

今天货币的价值与同样数量的货币在将来的价值并不相等，即货币的价值随时间的变化而变化，现有资金的未来价值计算方法如下所示。

$$F = P(1+i)^n$$

其中，P 为存入银行的本金；i 为年利率；F 为第 n 年后从银行得到的本金和利息总数。反之，如果 n 年后能得到 F 元钱，则这些钱在现在的价值如下所示。

$$P = F/(1+i)^n$$

● 投资回收周期。

投资回收周期是指新系统生成的经济效益超过它的开发费用花费的时间，即系统在投入运行后为了收回投资所需要的时间长度，投资回收期计算方式如下所示。

$$回收期(t) = 总投资额/系统年平均效益$$

● 纯收入。

在整个生命周期内系统的累计经济效益（折合成现在的价值）与投资之差。如果纯收入小于零，则该系统不值得投资。下面，通过一个具体案例来说明成本效益分析的具体过程。

成本效益分析案例：某公司拟开发一个人力资源管理信息系统，软件开发费、设备费、通信费等各种费用成本为 18 万元。系统开发调试完成后上线运行，运行时间按 5 年计，运行期间系统维护费用每年平均 0.4 万元。系统运行期间每年可节约各类费用 6 万元。假设银行存款利率为 5% 不变。试计算：（1）5 年内每年收益（折算为现在的钱）。（2）5 年期间系统运行的纯收入。（3）系统投入运行的投资回收期。

（1）5 年内每年收益 60 000 元折算为现在的钱如表 3-1 所示。

表 3-1　年收益折算为现在的钱

年份	利率	年收益	现在的钱
1	5%	60 000 元	57 142.86 元
2	5%	60 000 元	54 421.77 元
3	5%	60 000 元	51 830.26 元
4	5%	60 000 元	49 362.15 元
5	5%	60 000 元	47 011.57 元

（2）5 年期间系统运行的纯收入为：

57 142.86 元 + 54 421.77 元 + 51 830.26 元 + 49 362.15 元 + 47 011.57 元 - 180 000 元 - 20 000 元 = 59 768.61 元。

（3）系统投入运行的投资回收期：

系统投入运行前 3 年的收益为（57 142.86 元 + 54 421.77 元 + 51 830.26 元）= 163 394.89 元，距离系统开发维护总成本 200 000 元，还差 200 000 元 - 163 394.89 元 = 36 605.11 元。

系统运行第 4 年的全年收益为 49 362.15 元，如果每年每月收益平均，则第 4 年回收

36 605.11元的时间为 36 605.11 元/49 362.15 元＝0.742 年，也即 8.90 月，8 个月零 27 天。

因此，系统投资回收期为：3.742 年，或 3 年 8.9 个月，或 3 年 8 个月 27 天。

3.1.2 需求分析

为了开发出能真正满足用户需要的软件产品，需求分析是软件开发过程中尤为重要的一个阶段。需求分析是指获取并分析用户需求，首先就设计出的软件功能与用户探讨直到达成共识，然后估计软件开发存在的风险和评估要付出的代价，最终形成软件开发计划的一个复杂过程。在这个过程中，用户处于主导地位，需求分析工程师和项目经理要负责分析整理用户需求，为接下来的软件设计打下基础。需求分析阶段结束后要撰写系统需求分析规格说明书（System Requirement Specification）。

1. 需求分析的必要性

需求分析就是分析用户需要软件能够实现哪些功能，即用户真正的需求是什么。如果投入大量的人力、物力、财力和时间开发出的软件不符合用户的实际需要，那么就需要返工，这是软件开发方和用户都不愿意见到的情况。比如，用户需要一个适用于 Linux 系统的应用软件，而你在软件开发前期忽略了软件的运行环境这一关键问题，想当然的认为是适用于 Window 系统，所以没有向用户询问这个问题，当你千辛万苦地开发完成向用户交付时才发现出了问题，那时候一切都晚了。

需求分析在软件开发过程中之所以重要，就因为它具有决策性和方向性的作用，系统的开发中，它的作用要远远大于程序设计。所以，软件开发人员一定要对需求分析给予足够的重视。

2. 需求分析的任务

简单来说，需求分析的任务就是解决系统需要"做什么"的问题，即全面地理解用户的各种要求并准确地进行表达。需求分析的具体工作可分为需求确认、需求建模、需求书写和需求验证四个阶段。

（1）需求确认。

需求确认就是收集用户需求并进行确认的过程。通过与用户进行深入的交流，确定所开发系统的综合需求，并提出实现这些需求的条件，以及需求应该达到的标准。具体需求包括：功能需求（系统能做什么），性能需求（系统要达到的性能指标），可靠性需求（系统运行不发生故障的概率），运行环境需求（系统运行需要的软硬件环境），安全保密需求，用户界面需求，资源使用需求（系统运行时所需的内存，CPU 等），软件成本消耗与开发进度需求等。

（2）需求建模。

获取并确认需求后，对开发的系统进行分析建模。模型就是对事物做出的一种抽象，通常由一组符号和组织这些符号的规则构成。因此，对待开发系统从不同的角度建立模型有助于人们更好地理解问题。通常建立数据模型、功能模型和行为模型这 3 种模型，与其对应的建模方法分别可为实体-联系图、数据流图和状态转换图。

（3）需求书写。

需求书写即编制需求分析阶段的文档，又称为软件需求规格说明书，简称为 SRS（Software Requirement Specification），经过审核后，它将作为概要设计和详细设计的基础。在需求规格说明书里，通常用自然语言完整、准确、具体地描述系统的数据要求、功能需求、性能需求、可靠性需求等。自然语言容易被人理解，被大多数人使用。

（4）需求验证。

需求分析阶段的工作成果是后面系统开发的重要基础，为了保证系统开发的质量，防止返工，必须对本阶段得到的用户需求的正确性进行严格的验证，以确保需求的一致性、完整性和有效性，进一步保证接下来的设计与实现过程中的需求可回溯。

3. 需求分析的方法

需求分析的方法有原型化方法、结构化方法和动态分析法等，本书以原型化方法为例介绍如何进行系统需求分析。原型即软件系统的一个早期可运行的版本，它尽早实现了目标系统的某些或全部功能。

总体来说，原型化方法就是在软件系统开发初期，尽可能快地实现一个系统雏形，这个系统实现了目标系统的一部分或全部功能，但是可能在交互界面友好性或性能方面上存在缺陷与不足，让用户亲自在计算机上试用该软件。通常，用户试用原型系统之后会提出许多问题和建议，开发人员根据用户反馈的意见快速地修改原型系统，然后请用户再次试用……如此反复进行，直到用户认定该原型系统能够实现他们所需要的全部功能，开发人员便可根据当前原型系统书写需求规格说明书，根据这份说明书开发出的目标系统即可满足用户的真实需求。

原型主要分为探索型、实验型和进化型三种类型。探索型：就是要明确对目标系统的要求，确定所预期达到的特性，并探讨多种方案的可行性。实验型：主要用于大规模系统的开发和实现之前，考核方案是否合适，规格说明是否可靠。进化型：目的不是改进规格说明，而是将系统建立得易于变化，在改进原型系统的过程中，逐步将其进化成最终系统，这种方式主要用于满足需求的变动。

使用原型化方法有两种不同的策略，即废弃策略和追加策略。废弃策略：先实现一个功能简单且质量不高的模型系统，然后在这个系统基础上反复进行修改，据此设计出较完整、准确、一致、可靠的新的系统。当新系统实现后，就抛弃原来的模型系统。探索型和实验型属于这种策略。追加策略：先实现一个功能简单而且要求不高的模型系统，将该模型系统作为最终系统的核心，然后通过对其不断地修改，逐步追加系统功能、完善系统性能，进而发展成为最终系统。进化型属于这种策略。

4. 需求分析的规则

需求分析是一项十分重要的工作，开发人员与用户之间要进行充分的交流与沟通，为了防止双方交流过程中出现误解或者漏洞，需要有好的交流方法以及相应的规则。因此，开发人员和客户可以遵循以下规则并达成共识。

（1）分析人员和用户要熟悉彼此的领域知识。

分析人员和用户要集中讨论业务需求，用户应该提前或者在讨论过程中将业务中涉及的领域名词向分析人员进行解释和说明。同样，用户对计算机行业的术语也并不熟悉，所以分析人员也应该尽量用通俗的语言向用户进行介绍。

（2）分析人员要深入了解用户的业务。

分析人员只有深入地了解用户的业务流程，才能使开发出来的软件系统与用户的需求更加契合，这将有助于开发人员设计出达到用户期望的优秀软件。为了帮助分析人员，用户可以邀请他们亲自参与实际的工作流程，让其切身感受用户真正的需求。如果是在原有系统基础上开发新系统，应该让分析人员使用并熟悉目前的旧系统，这样能够快速地让分析人员明白当前系统是怎么样工作的，在此基础上制定改进目标。

（3）分析人员必须编写软件需求规格说明书。

分析人员应该将从用户那里获取的所有与新系统开发相关的信息进行整理，然后从功能需求、性能需求、质量目标和解决方法等几个方面展开分析，最后将分析的结果书写成一份软件需求规格说明书并将其交给用户。该说明书使开发人员和用户之间针对要开发的软件系统内容达成一致，应以便于用户翻阅和理解的方式组织编写。用户要仔细审查该说明书，以确保说明书中的内容准确完整，一份高质量的软件需求规格说明书有助于开发人员后续的开发工作，为开发出用户真正需要的软件系统提供保障。

（4）分析人员对需求工作结果要进行说明。

在软件需求规格说明书中，分析人员为了更清晰地描述某些系统行为，有时会采用不同形式的图表作为文字性描述的补充说明。但是用户可能对专业性的图表并不熟悉，容易对其造成困扰，因此用户在查看的同时可以要求分析人员解释说明每个图表的作用以及符号的意义，以及怎样检查图表有无错误及不一致等。

（5）开发人员与用户要互相尊重。

分析人员和用户在进行讨论的过程中，如果不能相互理解，那么讨论将会产生障碍，导致系统开发周期延长。所以，在分析人员和用户共同参与需求开发过程中，要将成功开发软件系统作为一致明确的目标，要尊重彼此付出的时间和精力，遇到问题要冷静，共同商讨解决问题的办法，而不是互相埋怨、推诿。

（6）开发人员要对新系统提出建议和解决方案。

分析人员应尽力从用户所说的需求中了解真正的业务需求，同时还应找出现有系统与当前业务不符之处，以确保新开发的软件系统不会重蹈覆辙。在彻底弄清业务领域内的相关事宜后，分析人员应该提出适当的改进方法，有经验且有创造力的分析人员还能提出增加一些用户没有发现的有价值的系统特性。

（7）注重软件系统的易用性。

在需求分析阶段，分析人员不但要得到用户对系统功能的需求，还要注意开发出来的系统的易用性，因为易用性有助于用户更准确、高效地完成工作任务。例如：友好的交互界面、高效性和健壮性等，这些对于系统来说都是很重要的元素，但对于分析人员来讲，容易将其忽略。所以，分析人员在进行需求分析时也要通过询问和调查的方式了解用户对易用性方面的需求，然后再进行全面具体的分析，制定合理的开发方案。

（8）适当地考虑需求灵活性。

在需求分析的过程中，分析人员有可能发现已有的某个软件组件与用户描述的需求很相符，在这种情况下，分析人员应注意需求的灵活性，可以为软件开发人员提供修改需求的选择以便能够降低新系统的开发成本和节省时间，而不用严格按原有的需求说明开发。所以说，如果想在新系统中使用一些现成的常用组件，这时就需要适当的需求灵活性。

（9）对需求变更提供真实可信的评估。

有些时候，用户面临更好、也更昂贵的方案时，会做出不同的选择。而这时，分析人员要对需求变更的影响进行评估从而对业务决策提供依据。因此，分析人员要对方案进行认真分析，从影响、成本和得失等方面给出一个真实可信的评估，不能由于不想实施变更而故意夸大评估成本。

（10）分析人员和用户共同努力获得质量过关的软件系统。

对于分析人员和用户来说，都希望开发出来的软件系统能够达到预期目标。所以，要求用户在需求分析阶段要清晰而全面地将自己希望系统能够"做什么"告诉分析人员。除此之外，还要求分析人员能通过与用户深入的交流彻底了解清楚需求的取舍与限制，帮助用户做出决策。这样才能开发出用户满意的质量过关的软件系统。

（11）关于分析人员对领域知识的掌握不要期望过高。

对于一些领域概念及术语，分析人员要依靠用户讲解，但是用户不能期望分析人员能掌握业务的细微潜在之处进而成为该领域的专家，只需要让他们明白要解决的问题和预期达到的目标即可。

（12）用户要耐心地对待工作中出现的反复情况。

在需求分析阶段，即使用户很忙也要抽出时间参与分析人员组织的"头脑高峰会议"访问或其他获取需求的活动。在同用户交流过程中，分析人员可能明白了用户的观点，但是过后在整理过程中又会发现一些问题，从而需要用户再重新或者进一步讲解，这时就需要用户要耐心对待工作反复情况，因为这对开发出来的软件产品是否成功尤为重要。

（13）双方共同努力准确而详细地说明需求。

对于分析人员来说，由于领域的差异性，很容易产生一些模糊不清的需求，因此要编写一份清晰、准确的需求文档存在一定困难。但是为了保证软件的开发质量，必须解决这些模糊不清的需求，而用户就是解决这些问题的最佳人选。分析人员对有不明确的需求分析进行标记，用户看到标记的内容要尽量将其阐述清楚，以便分析人员能准确地将它们写进软件需求规格说明书中去。如果用户一时不能准确表达，通常使用原型技术，用户和分析人员一起反复修改，不断完善需求定义。

（14）用户要及时做出决定。

在需求分析过程中，分析人员会要求客户针对一些情况做出选择和决定，这些情况包括多个用户提出的处理方法或在质量特性冲突和信息准确度中选择折衷方案等。用户必须积极地配合分析人员，尽快做出决定，以防延误项目的进展。

（15）用户要尊重分析人员的需求可行性及成本评估。

用户所期望的某些软件系统特性可能在技术上行不通，或者实现它们要付出极高的代价。还有一些需求试图达到在操作环境中不可能达到的性能，或试图得到一些根本获取不到的数据。针对这些情况，分析人员会相应地做出负面评价，用户应该尊重他们的意见。

（16）划分需求的优先级。

由于时间和资源的限制，用户提出的需求有可能不能被完全实现。尽管没有人愿意看到自己所提的需求不能被实现，但毕竟要考虑实际情况，因此，需要确定哪些需求是必要的，哪些是重要的，哪些是可以折衷处理的，也就是设置需求的优先级别。这项工作只能由用户来完成，开发人员则可以为用户提供有关每个需求的花费和风险的信息作为参考。

（17）通过评审需求文档和试用原型不断完善需求。

分析人员完成需求文档后，要将其交给用户进行评审，如果用户发现文档中有不够准确或其他问题，就要尽早告诉分析人员并为其提供改进建议，这是用户向分析人员反馈信息的一种方式。还有一种方法是分析人员先根据用户的需求开发一个原型，然后让用户试用，在试用的过程中根据用户反馈的信息将原型逐渐转化、扩充成功能齐全的系统。

（18）如果需求有变化要立即联系分析人员。

受用户自身因素和工作环境因素的影响，需求发生变化是不可避免的。需求变化不仅会导致代价极高的返工，而且工期也会被延误。在软件开发过程中，需求变化出现得越晚，带来的不利影响越大。所以，尽量减少需求变化情况的发生，一旦用户发现需要变更需求时，要立即通知分析人员。

（19）用户要遵循软件变更控制流程。

为将需求变化带来的不利影响减少到最低限度，提出需求变化的所有用户必须遵循软件变更控制流程。这要求用户和分析人员一同针对每项要求变化的需求进行具体分析、综合考虑，最后做出适当的决策，从而确定哪些需求可以进行变化。

（20）用户要重视需求分析阶段。

由于所从事的专业不同，用户意识不到需求分析的重要性，认为在需求分析阶段花费太多的时间和精力没有必要。但是，软件开发中最关键的工作就是获取需求并确定其正确性和完整性，所以，用户要重视需求分析阶段，理解并支持分析人员的工作，那么后面的系统开发工作将会更加顺利。

5. 需求分析的误区

分析人员在进行需求分析的时候，很容易陷入一些误区，常见的有以下几个方面。

（1）需求分析中注重个人创意。

你可能已经忘了你原本是在描述一个需求，而不是在策划一个创意、创造一个概念。很多刚开始做需求分析的人员都或多或少的会犯这样的错误，陶醉在自己的新想法和新思路中，但其实却违背了需求的原始客观性和真实性原则。作为一名需求分析员，要一直谨记需求不是空中楼阁，是实实在在的一砖一瓦。

（2）用户提出的要求就是需求。

通常会存在这样一种情况，分析人员在向用户征集需求的时候，用户会非常明确地提出需要一个什么样的软件，这个软件具体包括哪些功能，甚至连想要什么样的界面都说得十分明确。分析人员在收到这样的"需求"之后，会觉得用户的需求非常清晰，于是马上形成需求文档作为下一步软件开发的依据。但真正开发出来的软件并不一定能让用户满意。原因就是用户和分析人员都没有弄清楚到底什么是需求。软件项目的需求主要指的是项目产品最终能提供的用来解决问题、达成目标、满足要求的某种条件或者能力。因此，分析人员应该首先挖掘出用户所提出的要求背后真正想解决的问题或想达到的目的；然后，将这个问题或者目的作为项目需求进行记录、分析和确认；再根据项目需求和现有技术条件与项目团队一起提出相应的解决方案；最后，与用户确认该解决方案是否可以满足其真实需求。

（3）用户的需求应全部满足。

这是对用户需求分析的一种错误理解，在软件开发中，项目团队有时会"过于"从用户角度出发，只要用户提出的需求便理所当然地认为全部都应该完成。这样做的结果可能因为采纳了一些不合理或不明确的需求而导致项目质量不高甚至失败。为了避免这种情况的发生，分析人员首先要认真倾听并记录用户提出的需求。其次，对收集到的所有需求进行有效性分析、分类和排序等。接下来，分析人员还要与项目开发团队确认需求实现的可行性以及可能存在的技术风险，与用户再进一步沟通需求不明确的地方等等。最后，与项目开发团队和用户分别进行需求确认，形成最终的需求文档。在整个过程中，用户的原始需求可以被修改甚至被取消。

（4）从程序员转变为需求分析员很容易。

通常情况下，人们认为做一名需求分析员很容易，就是同用户聊聊天，把用户对软件需要完成的功能记录下来，对技能的要求不高，工作起来很轻松，因此，很多程序员不愿意从事编程时就转行做了需求分析员。其实，需求分析员对一个人的工作能力要求很高。一方面，需求分析员需要与不同专业领域的用户进行沟通，并将获得的信息进行深入细致的整理，为后续的软件开发工作提供依据；另一方面，需求分析员需要与项目开发团队进行沟通，解释用户的需求并验证解决方案是否解决用户需求。因此，需求分析员除了要具备很强的沟通能力之外，对用户的业务领域和 IT 领域也要有很强的了解，只有这样，才能成为一名合格的需求分析员。

3.1.3 数据流图

1. 数据流图的定义及表示符号

数据流图（Data Flow Diagram，DFD）是用来描述系统中数据流的一种图形化工具。它从数据传递和加工角度，以图形方式来表达系统的逻辑功能、数据在系统内部的逻辑流向和逻辑变换过程，是结构化系统分析方法的主要表达工具。

数据流图包含四个元素：数据流、数据处理、外部实体（也叫数据的源点和终点）和数据存储，统一建模语言 UML 中给出相关符号来描述这四个元素，具体如表 3-2 所示。

表 3-2　数据流图符号

元素名称	表示符号	具体含义
外部实体	☐ 或 ⬛	表示数据的源点或终点，可以是人、组织、物或者其他系统
数据处理	▭ 或 ◯	表示对流入的数据进行加工处理之后再输出，例如统计、计算等
数据流	——→（带箭头的直线）	箭头表示数据的流动方向，数据流可以从数据处理流向数据处理，也可以从数据处理流向数据存储，还可以从数据存储流向数据处理
数据存储	▭（开口矩形）	存储在数据处理过程中需要读取的数据，通常以文件形式存在

图 3-1 所示为一个简单的数据流图示意图，从图中可以看到数据流 A 从源点 S 流出，经数据处理 P1 转换成数据流 B，再经数据处理 P2 转换为数据流 C，经过一系列变化，数据流 C 流入终点 T，在 P1 和 P2 的处理过程中分别从数据存储 D1 和 D2 中读取数据。

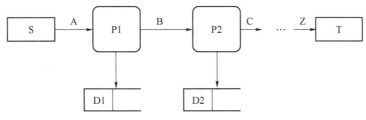

图 3-1　数据流图示意图

2. 数据流图中各元素的使用方法

为了直观地讲述数据流图中各元素的使用方法，给出一个旅行社通过机票预订系统为游客预订机票的数据流图，如图 3-2 所示。具体功能包括：旅行社把预订机票的记录（姓名、年龄、单位、身份证号码、旅行时间、目的地等）输入机票预订系统。系统核查无误后，为游客安排航班，打印出取票凭证（附有应交费信息）。游客在飞机起飞的前一天拿取票凭证交款取票，系统核查无误，打印机票给游客。

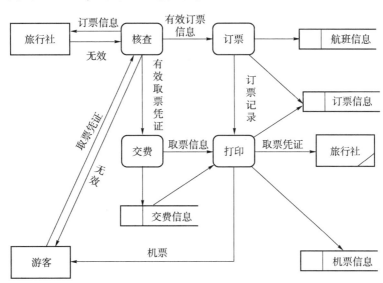

图 3-2　机票预订系统数据流图

（1）外部实体。

外部实体即数据流图中的数据源点和终点，数据源点和终点分别表示数据的外部来源和所要到达的目的地。外部实体通常可以为系统之外的人员、组织、物或其他的系统，不受当前系统的控制。在绘制数据流图的时候，为了避免出现线条交叉，同一个源点或终点都可在不同位置多次出现，但这时要在源点或终点符号的右下方画小斜线，以表示重复。从图 3-2 可以看出，外部实体为旅行社和游客，其中旅行社既是数据源点，又是数据终点，为了避免线条交叉，在表示旅行社的符号右下方画上小斜线表示重复出现。

（2）数据处理。

数据处理是把流入的数据流转换为流出的数据流的操作。每个数据处理都应该用一个名字明确表示它的含义（即要执行的操作），并规定一个编号用来标识该操作在层次分解中的位置。名字中必须包含一个动词，例如图 3-2 中的"核查""订票""交费"和"打印"。

通常的数据处理转换的方式有两种：改变数据的结构和产生新的数据。

（3）数据流。

在一个系统中，数据流由一组确定的数据组成，它用来表示中间数据值，不能改变数据值。数据流将数据的源点与数据处理、数据处理与数据的终点、数据处理与数据存储、数据处理与数据处理联系起来。例如图3-2中，"取票信息"就是一个数据流，它由旅客姓名、航班班次、出发地、出发时间、始发地、目的地、单价、数量和是否缴费等数据组成。数据流用带有名字的具有箭头的线段表示，名字为数据流名，表示流经的数据，箭头表示流向。

对数据流的表示做如下几点约定：

●对流经文件的数据流可以不标注名字，因为文件本身就足以说明数据流。而流经别的数据流则必须标注名字，名字要体现数据流的含义，并且数据流不允许同名。

●两个数据流在结构上相同是允许的，但必须体现人们对数据流的不同理解。例如图3-3（a）中的"领书单"和"合理领书单"两个数据流，它们的结构相同，但后者增加了"合理"这一约束信息。

●两个数据处理之间可以有多个不同的数据流，这是由于它们的用途不同，或它们之间没有联系，或它们的流动时间不同，如图3-3（b）所示。

●数据流图描述的是数据流而不是控制流，如图3-3（c）中，"学期末"只是为了触发进行"学籍处理"这一操作，所以它是一个控制流而不是数据流，所以不应该出现在图中。

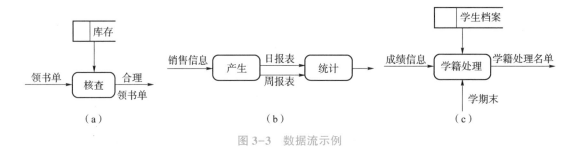

图3-3　数据流示例

（4）数据存储。

数据存储用来存储数据，它是被动对象，本身不产生任何操作，只响应存储和访问的要求。数据库文件或任何形式的数据组织都可作为数据存储的工具。文件名应与它存储的内容一致，写在数据存储元素符号内。如果是从文件读数据，则数据流的方向应从文件流出，当往文件里写数据时则相反；如果是又读又写，则数据流是双向的。在对文件进行修改时，虽然需要先读文件，但其本质是写文件，因此数据流应流向文件，而不是双向的。

3. 绘制数据流图

（1）绘制步骤。

在绘制数据流图时，通常遵循"由表及里"的原则，采用分层绘制数据流图的方法。具体步骤如下：

●确定系统的输入和输出，画出顶层数据流图。

顶层数据流图只包含一个数据处理，用以表示被开发的系统，然后考虑该系统有哪些输入数据流和输出数据流。将输入数据流和输出数据流用数据处理符号连接起来，并加上输入数据来源和输出数据去向就形成了顶层图。顶层数据流图的作用在于表明被开发系统的范围以及它和周围环境的数据交换关系。

● 确定系统内部的数据流、数据处理和数据存储，画出一层数据流图。

从数据源点到数据终点，逐步将数据流和数据处理连接起来。当数据流要发生变化时，就应该加上一个"数据处理"符号。数据存储也是数据流图不可缺少的元素，表示各种数据的存储，并通过数据流的方向来表示是读文件还是写文件。最后，再整体进行检查，补充漏掉的数据流，删除没有被系统使用的数据流。

● 将一层数据流图中的数据处理进一步分解，画出二层细化数据流图。

同样使用"由表及里"的方式对每个数据处理进行分析，如果在该数据处理内部还有数据流，那么可以将该数据处理进一步进行分解成若干个数据处理，并用一些数据流把这些数据处理连接起来，得到二层细化数据流图。

● 得到最终的数据流图。

重复执行上一步中提到的分解过程，直到图中尚未分解的数据处理都是足够简单的（即不可再分解）。至此，得到了一套分层数据流图。

（2）注意事项。

以上为绘制数据流图的具体步骤，在分析绘制过程中，需要注意以下几点。

● 通常先给数据流命名，再根据数据流名的含义为数据处理命名。

● 数据流图中各个元素的名字含义要确切，能反映对应的元素个体。若碰到难以命名的情况，极大的可能是分解不恰当造成的，应考虑重新分解。

● 通常情况下从左至右绘制数据流图，左侧、右侧分别是数据源点和数据终点，中间是一系列数据处理和数据存储。数据流图应尽量避免线条交叉，必要时可用重复的数据源点（终点）和文件符号。此外，数据流图中各种元素符号布置要合理。

● 各层数据流图分解的程度要适中，经验表明，一个数据处理每次分解量最多不要超过七个。通常情况下，上层分解得到的子数据处理个数多些，下层分解得到的子数据处理个数少些。一般说来，当数据处理只有单一输入/输出数据流时，就应停止对该数据处理的分解。

（3）分层数据流图编号要求。

在绘制分层数据流图时，数据处理的编号要遵循一定的规则：为简单起见，约定顶层数据流图为0层，它是第1层数据流图的父图，而第1层数据流图既是0层数据流图的子图，又是第2层数据流图的父图，以此类推。子图中数据处理的编号为父图号和子图中数据处理的编号组成，子图的父图号就是父图中与子图对应的数据处理的编号，具体示例如图3-4所示。由图可见，第1层数据流图的父图号为0，该层数据处理的编号为1、2、3…，下面各层由父图号1、2、1.1、1.2…加上子图中数据处理的编号1、2、3…组成。例如：第1层中的数据处理编号1表示该层的1号数据处理；1.1、1.2、1.3…表示父图号为1的数据处理的子数据处理；1.3.1、1.3.2、1.3.3…表示父图号为1.3的数据处理的子数据处理。按上述规则，数据处理的编号即能反映出它所属的层次以及它的父图编号的信息，还能反映子数据处理的信息。

（4）数据流图示例。

某超市销售系统的顶层数据流图如图3-5所示。

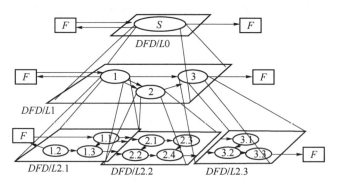

图 3-4　数据流图层次编号示例

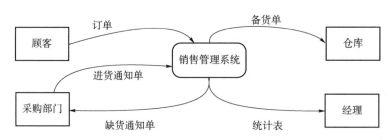

图 3-5　顶层数据流图示例

下面为该销售系统顶层数据流图的细化，即系统功能级数据流图，如图 3-6 所示。

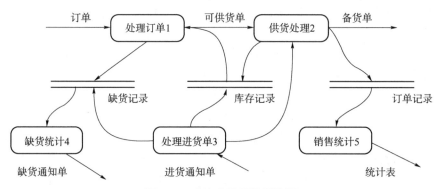

图 3-6　系统功能级数据流图

该销售系统功能级数据流图的处理订单的细化数据流图如图 3-7 所示。

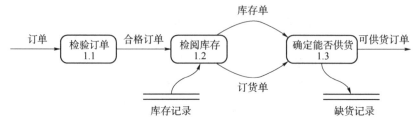

图 3-7　处理订单数据流图

该销售系统功能级数据流图的供货处理的细化数据流图如图3-8所示。

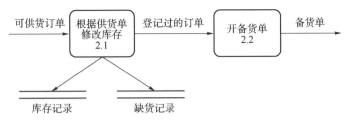

图3-8　供货处理数据流图

该销售系统功能级数据流图的处理进货单的细化数据流图如图3-9所示。

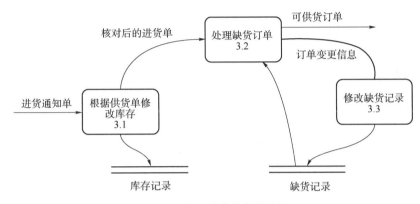

图3-9　处理进货单数据流图

功能级数据处理缺货统计以及销售统计的细化数据流图在此略。

3.1.4　数据字典

　　获取并确认需求后，通常要建立目标系统的逻辑模型，从而进一步明确目标系统"做什么"，逻辑模型通常用数据流图来刻画，但是它缺乏细节描述，也就是对图中的元素没有完整地定义。因此，可以用数据字典（Data Dictionary，DD）对数据流图进行补充和完善。当用数据字典对数据流图中各个元素进行定义和说明后，就获得了目标系统的完整的逻辑模型，后面就可以从这个逻辑模型出发设计目标系统。数据字典通常由四部分组成：数据流词条、数据存储词条、数据处理词条和数据项词条。

　　数据字典中的定义就是对数据进行自顶向下的分解，当分解到不需要进一步定义、大家都清晰地知道其含义的元素时，就不需要再分解了，因此数据是由数据元素组成的，为了清楚地描述组成关系，可以使用下列符号，如表3-3所示。

表3-3　数据字典符号

符号	具体含义	示例
=	被定义为	$z=x+y$ 表示 z 被定义为……
+	和（用来连接两个分量）	$z=x+y$ 表示 z 由 x 和 y 组成
[…｜…]	或（从列出的分量中选择1个）	$z=[x｜y]$ 表示 z 由 x 或 y 组成

符号	具体含义	示例
$\{ \}$ 或 $s\{\cdots\}t$	重复（重复花括号中的分量，限制次数）	$z=1\{x\}6$ 表示 z 由 $1{\sim}6$ 个 x 组成
$\{\cdots\}$	重复（重复花括号中的分量）	$z=\{x\}$ 表示 z 由 0 个或多个 x 组成
$(\cdots)$	可选（圆括号内的分量可出现，可不出现）	$z=(x)$ 表示在 z 的组成中，x 可出现，可不出现

（1）数据流词条：数据流是数据在系统内传输的路径，对数据流的描述通常包括以下内容：

数据流描述 = ｛名称、别名、简述、来源、去向和组成（定义）｝

数据流词条（有效订票信息）如表 3-4 所示。

表 3-4　数据流词条（有效订票信息）

名称：有效订票信息
别名：合格订票信息
简述：旅行社提供给订票系统的合格的游客订票信息
来源：旅行社
去向：订票系统
组成（定义）：有效订票信息 = 游客姓名 + 身份证号 + 年龄 + 性别 + 行程（出发地、目的地）+ 日期 + 预订航班信息

（2）数据项词条：数据项是不可再分的数据单位，往往是数据流和数据存储的组成部分。对数据项的描述通常包括以下内容：

数据项描述 = ｛名称、别名、简述、组成（定义）和位置｝

数据项词条如表 3-5 所示。

表 3-5　数据项词条

名称：性别
别名：无
简述：标识某个游客是男性还是女性
组成（定义）：性别 = ［男｜女］
位置：订票信息　有效订票信息　无效订票信息　订票记录

（3）数据存储词条：数据存储是数据停留或保存的地方，也是数据流的来源和去向之一，对数据存储的描述通常包括以下内容：

数据存储描述 = ｛名称、别名、简述、组成（定义）、组织方式和查询要求｝

数据存储词条如表 3-6 所示。

（4）数据处理词条：数据流图中功能块的说明，对数据处理的描述通常包括以下内容：

处理过程描述 = ｛名称、编号、激发条件、优先级、输入、输出和处理逻辑｝

数据处理词条如表 3-7 所示。

表3-6　数据存储词条

名称：航班信息

别名：航班信息表

简述：存储某航空公司所有飞机的飞行信息

来源：航空公司

组成（定义）：航班信息＝航班号+出行日期+起飞地+目的地+起飞时间+抵达时间+机票价格

组织方式：索引文件，以航班号为关键字

查询要求：要求能立即查询

表3-7　数据处理词条

名称：订票

编号：1.2

激发条件：有效订票信息输入

优先级：普通

输入：有效订票信息

输出：订票记录

处理逻辑：根据输入的有效订票信息以及航班信息，产生订票记录

3.2　面向对象分析

3.2.1　统一建模语言

统一建模语言（Unified Modeling Language，UML）具有广泛的建模能力，它可以从不同角度描述人们所观察到的软件视图，也可以描述在不同开发阶段中的软件的形态，可以建立需求模型、逻辑模型、设计模型和实现模型等。UML采用一组图形符号来描述软件模型，这些图形符号具有简单、直观和规范的特点，易于开发人员学习和掌握。UML所描述的软件模型，便于人们直观地理解和阅读。

1. 统一建模语言的特点

概括起来说，UML主要有以下几种作用。

（1）为软件系统建立可视化模型。

模型是软件系统的蓝图，是开发人员为系统设计的一组视图，这组视图不仅描述了用户需要的功能，还描述了怎样去实现这些功能。使用UML建立的可视化模型使软件系统结构直观、易于理解，有利于系统开发人员和系统用户的交流，保证用户的要求得到满足，系统能在需求改变时站得住脚。

（2）为软件系统建立构件。

UML虽然不是面向对象的编程语言，但它的模型可以直接对应到各种各样的编程语言。

它可以使用代码生成器工具将 UML 模型转换为多种程序设计语言代码，如可生成 C++，JAVA，C#等语言的代码，也可以使用反向生成器工具将程序源代码转换为 UML。

（3）为软件系统建立开发文档。

UML 可以为软件系统的体系结构及其所有细节建立文档，即不同的 UML 模型图可以作为软件开发不同阶段的开发文档。

2. 统一建模语言的图

UML 用图来表示模型的内容，图由不同模型元素组成。本文介绍常用的 4 种图。

（1）模型元素。

代表面向对象中的类、对象、消息、关系、参与者、用例等概念，是构成图的基本元素。

（2）图。

图是模型元素集的图形表示，通常由弧（关系）和顶点（其他模型元素）相互连接构成的。

●用例图。

用例图是描述参与者、用例以及它们之间关系的视图，说明是谁要使用系统，以及他们使用该系统可以做些什么。一个用例图包含了系统、参与者和用例三个模型元素，并且显示了这些元素之间具有的泛化、关联等关系。

●类图。

类图是描述系统中的类以及各个类之间的关系的静态视图，它显示了类之间具有的泛化、关联等关系，能够让我们在正确编写代码以前对系统有一个全面的认识。

●状态图。

状态图是对类图的补充，它描述类的对象所有可能的状态，以及事件发生时状态的转移条件，可以捕获对象、子系统和系统的生命周期。状态图可以确定类的行为，以及该行为如何根据当前的状态变化，也可以展示哪些事件将会改变类的对象的状态。

●顺序图（时序图或序列图）。

顺序图用来展示对象之间是如何进行交互的，它将显示的重点放在消息序列上，即强调消息是如何在对象之间被发送和接收的。

3.2.2　面向对象分析过程

不论采用哪种软件工程方法开发软件，分析过程都是获取并明确系统需求的过程。分析阶段的主要工作都是：获取并理解需求、表达需求和验证需求。首先，系统分析人员与用户进行充分的交流，获取需求并尽量理解用户的需求；然后，将理解后的需求以文档形式进行表示，也就是软件需求规格说明书（在面向对象分析中，主要包括对象模型、动态模型和功能模型）；最后，基于写好的规格说明书，分析人员与用户进行反复的沟通和修改，也就是对需求进行验证，从而确保需求的完整性、有效性和准确性。

面向对象分析的主要任务是在获取用户需求的基础上建立对象模型、功能模型和动态模型，这三种模型可以分别用类图、用例图（或数据流图）和状态图来刻画。本节以网上书城为例来具体讲解如何建立这三种模型。网上书城的具体需求描述如表 3-8 所示。

表3-8　网上书城需求描述

> • 用户信息管理
>
> 用户可以填写注册信息注册成为网站成员，可以选择注册为普通用户或者升级为高级用户。用户分多级，不同级别享受到的折扣不同，或者还有其他的增值服务。高级用户需要通过支付年费，或者累计消费额到达规定限额后自动成为一定级别的用户。
>
> • 浏览导航
>
> 用户在网站上进行网络购书的主要功能。网站需要提供图书的多级分类导航，图书排行榜，通过关键词对图书进行查询，以及对图书的详细信息进行查询。
>
> • 网上购书
>
> 通过购物车的形式，用户在浏览网站的同时可以对喜欢的图书进行挑选，最后根据购物车中所选择的图书和所指定的数量生成订单并根据用户的等级计算出总金额。生成订单后，用户可以选择支付方式，可以使用网上银行在线支付或采取货到付款方式。此外，用户也可以选择对暂无库存的书目进行预订，网站到货后会通知会员。用户也可以对喜欢的图书进行收藏，便于日后购买。

1. 建立对象模型

在面向对象建模时，通常从不同角度建立对象模型、动态模型和功能模型，其中对象模型三种模型中是最基本、最重要的。系统的对象模型通常由识别类和对象、确定关联、划分主题、确定属性和标识服务5个层次组成。

（1）识别类和对象。

首先，找出待选的类和对象。类和对象是对事物的抽象，它们既可能是可见的物理实体，也可能是抽象的概念，也可以以自然语言书写的需求陈述为依据，把陈述中的名词作为类与对象的候选者，用形容词作为确定属性的线索，把动词作为服务（操作）的候选者。然后，按照一定的规则筛选出正确的类和对象。

根据网上书城的需求描述，确定的类和对象分别为网站工作人员、顾客、图书分类描述、书店、图书排行榜、图书搜索引擎、图书、购物车、收藏夹、预约单、交易、网银支付平台、订单和账号等级描述，如图3-10所示。

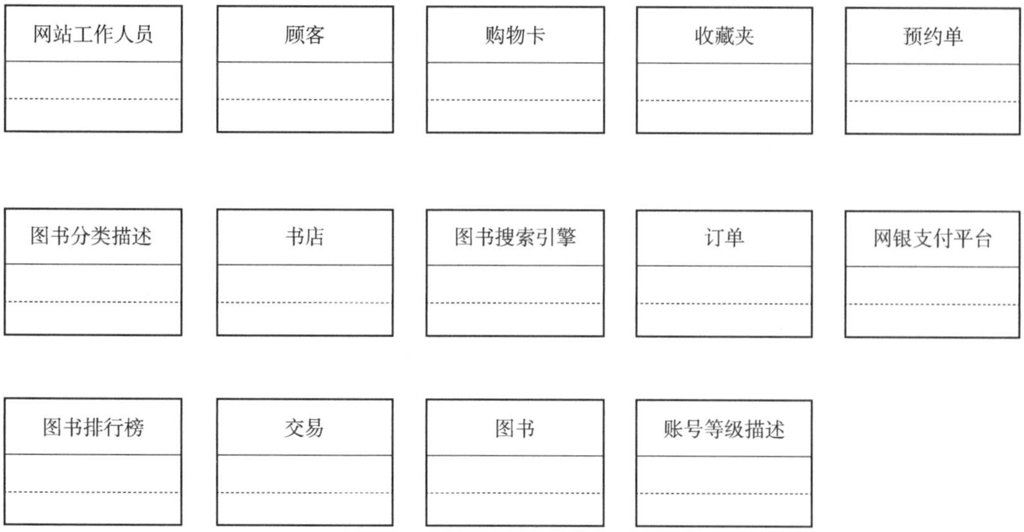

网站工作人员	顾客	购物卡	收藏夹	预约单

图书分类描述	书店	图书搜索引擎	订单	网银支付平台

图书排行榜	交易	图书	账号等级描述

图3-10　识别出的类与对象

（2）确定关联。

在确定了类和对象之后，就要确定类和对象之间的关联关系。当两个或多个对象之间出现相互依赖、相互作用的情况时，就存在关联关系。在前面章节中，具体讲述了类和对象之间存在的几种关系，在此不再赘述。基于网上书城各个类，分析存在的关联，得到如图3-11所示的带有关联关系的类图。

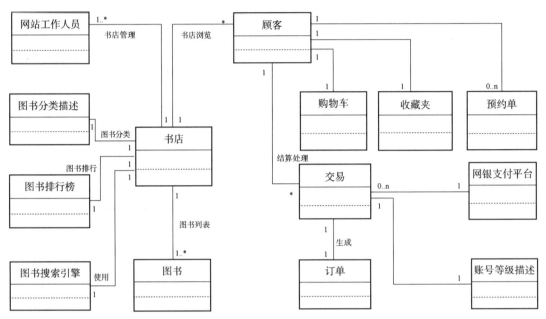

图3-11　标识关联的类图

（3）划分主题。

在开发大规模系统时，分析员可能会识别出大量的对象。在这种情况下，人们引入了主题机制，即将相关类或对象划分为一个主题，进而将系统划分为几个不同的主题，每个主题可以看作为一个子模型，甚至是一个子系统，该机制能够降低系统开发的复杂程度和提高开发效率。对于规模较小的系统，没有必要进行主题划分。

（4）确定属性。

属性是指对象的性质，通过属性，人们对类与对象和关联会有更深刻的认识。一般情况下，确定属性包括分析和筛选两个步骤。

①分析。

分析人员应从问题陈述中搞清：哪些性质在当前问题域下完全刻画了被标识的某个对象？通常，属性对应于带定语的名词。如"汽车的颜色""学生的出生年月"等等。属性在问题陈述中不一定有完整的显式的描述，要识别出潜在属性，需要对领域知识有深刻的理解。每个对象至少应含有一个属性，使得对象的实例能够被唯一地标识。

②筛选。

认真研究初步分析确定的属性，从而删除不正确的或冗余的属性，通常注意以下问题：

• 对于应用论域中的某个实体，如果不仅其取值有意义，那么，应将该实体作为一个对象，而不宜作为另一个对象的属性。

• 对象的导出属性应当略去。例如，"年龄"是由属性"出生年月"于系统当前日期导出。因此，"年龄"不应作为人的基本属性。

●在分析阶段，如果某属性描述对象的外部不可见状态，该属性应从模型中删去。

根据以上表示属性的方法，将（2）中确定了关联的网上书城类图进行属性确定，得到如图 3-12 所示的标记属性后的类图。

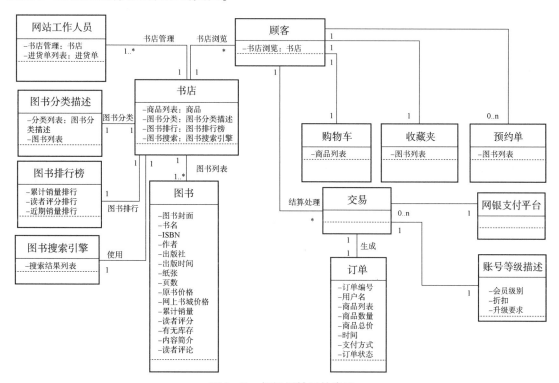

图 3-12　标识属性后的类图

（5）标识服务。

服务表示对象的行为，即要定义类上的操作。标识对象所执行的服务以及对象之间传递的消息，建立对象之间的动态关系，其目的在于定义对象的行为和对象之间的通信，使各种对象共同协作，让系统运作起来。一般情况下，要等到建立了动态模型和功能模型之后，才能最终确定类中应具备的服务。结合网上书城的动态模型和功能模型，得到如图 3-13 所示的具有服务的类图。

2. 建立动态模型

（1）动态模型相关概念。

●脚本。

脚本是指系统在某一执行期间内出现的一系列事件（脚本描述事件序列，是用例的实例，是系统的一种实际使用方法），它描述用户（或其他外部设备）与系统之间的交互过程；对于每个事件，脚本都应该指明触发该事件的动作对象（如：系统、用户或其他外部事物）、接受事件的目标对象，以及该事件的参数。编写脚本的目的是保证不遗漏重要的交互步骤。编写脚本的实质是分析用户与系统交互过程。编写脚本时，首先编写正常情况的脚本，其次考虑特殊情况，最后考虑出错情况；如有可能还应该允许用户"异常操作"。

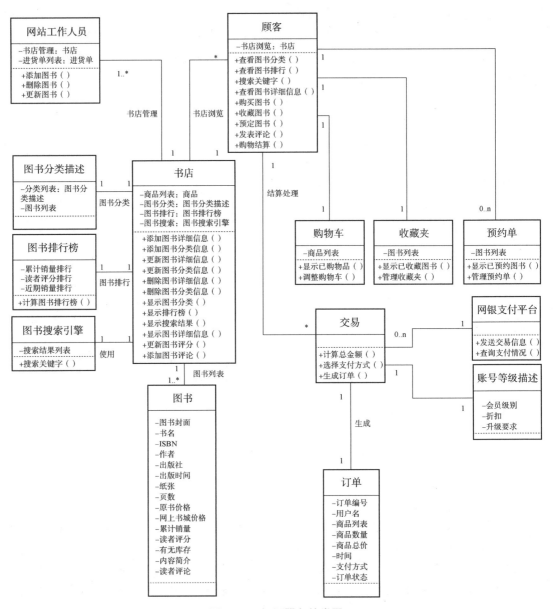

图 3-13　标识服务的类图

● 事件跟踪图。

脚本为建立动态模型（状态图）提供了很好的基础，但用自然语言书写的脚本还不够简明，容易产生二义性，因此在画状态图前，我们往往先画出事件跟踪图，即简化的 UML 顺序图（Sequence Diagram），进一步明确事件及事件与对象的关系。

● 状态图。

状态图描述了事件与对象状态（对象生命周期中的阶段）的关系。UML 用状态图来表示对象的动态行为，它确定了由事件序列引出的状态图序列。系统分析员应仅考虑系统内具有重要交互行为的那些类，即每个主动发送事件的对象类的动态行为用一张状态图来表示，各个类的状态图通过共享事件合并起来，从而构成系统的动态模型。

● 活动图。

活动图描述了系统中各种活动的执行顺序，刻画一个方法中所要进行的各项活动的执行流程。活动图显示动作及其结果，着重描述操作实现中完成的工作以及用例或对象内部的活动。此外，在状态图中状态的变迁通常需要事件的触发，而活动图中一个活动结束后将立即进入下一个活动。

（2）建立动态模型过程。

一般来说，建立动态模型的典型步骤如下：

第1步：编写脚本，确保不遗漏正常的交互行为。

第2步：从脚本中提取事件，确定每个事件的发送对象和接受对象。

第3步：绘制事件跟踪图，描述对象之间的时间顺序。

第4步：绘制状态图及活动图。

第5步：审查状态图的完整性和一致性。

（3）建立动态模型实例。

以网上书城的注册新账号为例，建立相应的动态模型，其他功能的动态模型在此省略。

● 第1步：编写脚本。

用户成功注册新账号脚本如表3-9所示。

表3-9 用户成功注册新账号脚本

➤ 顾客选择注册新账号功能
➤ 系统要求顾客输入用户名
➤ 系统检查用户名是否已经被其他人注册，检查结果用户名有效
➤ 系统要求顾客输入密码
➤ 系统检查密码是否符合要求，检查结果符合要求
➤ 系统要求顾客再次输入密码
➤ 系统核对两次输入的密码是否一致，核对结果一致
➤ 系统要求顾客输入验证码
➤ 系统检查验证码正确，在用户信息数据库中新增一个账号，返回注册成功信息

● 第2步：确定事件。

➤ 顾客输入用户名

➤ 系统向数据库申请检查用户名是否已被注册

➤ 系统返回检查结果有效

➤ 系统要求顾客输入密码

➤ 系统检查密码是否符合要求

➤ 返回密码符合要求

➤ 系统要求顾客再次输入密码

➤ 系统核对两次输入的密码是否一致

➤ 返回核对结果一致

➤ 系统要求顾客输入验证码

➤ 顾客输入验证码

➤ 系统检查验证码是否正确

➢ 检查结果正确

➢ 系统要求顾客提交注册信息

➢ 系统申请将注册信息写入数据库

➢ 数据库返回注册成功

- 第3步：绘制事件跟踪图。

从脚本中提取出各类事件，并确定每类事件的发送对象和接受对象，就可以用事件跟踪图把事件序列以及事件与对象的关系表示出来，事件跟踪图是扩充的脚本，更是简化了的UML顺序图。根据确定的事件，画出用户成功注册新账号的事件跟踪图，如图3-14所示。

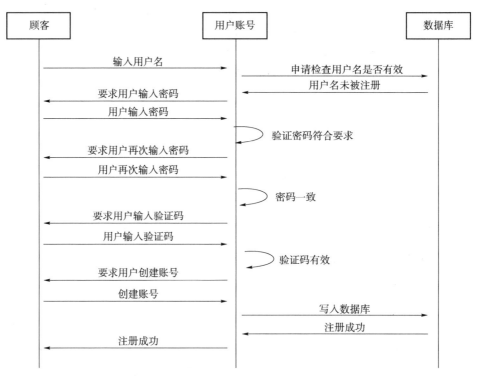

图 3-14 成功注册新账号事件跟踪图

- 第4步：绘制状态图及活动图。

状态图表示对象状态和事件的关系，当对象接受了一个事件之后，它的状态取决于当前状态下接受的事件。根据上面注册新账号的事件跟踪图，集中考虑影响用户账号类的事件，也就是图中指向用户账号类的那些箭头线，把这些事件作为状态图中的有向边，边上标上事件名，两个事件之间的间隔就是一个状态，绘制用户账号类的状态图如图3-15所示。

基于上面绘制的状态图，给出如图所示的注册新账号的活动图，如图3-16所示。

3. 建立功能模型

除了数据流图外，UML使用用例图来描述系统的功能（也称用例模型）。用例模型描述了开发者和用户对功能需求规格的一致结论。用例图由系统、参与者、用例组成。本节以网上书城为例，建立其用例模型。根据前面网上书城系统的需求概述，可知该系统的执行者有：顾客、网站工作人员和网银支付平台。所有执行者的描述及其要使用的功能如表3-10所示。

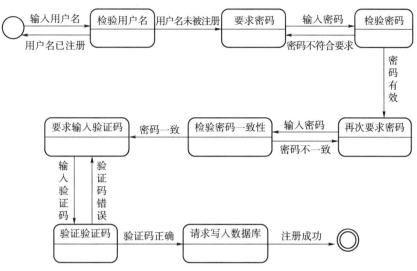

图 3-15   用户账号类的状态图

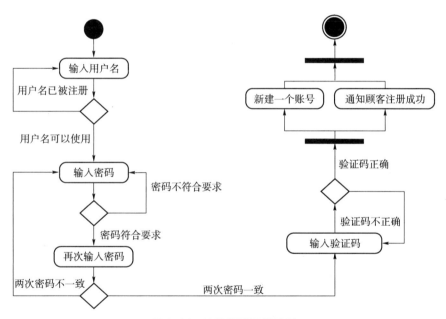

图 3-16   注册新账号活动图

表 3-10   执行者及其使用功能

执行者	描述
顾客	使用网上书城的用户，可以注册账号、登录网站、管理个人账号、浏览图书、购买图书、结算与支付、发表评论
网站工作人员	管理书城图书信息的工作人员，能够认证工作人员身份、添加图书信息、更新图书信息、删除图书信息
网银支付平台	由银行方面提供的，具有网上支付功能的计算机系统，能够进行结算与支付

根据以上描述，绘制如下图 3-17 所示的网上书城管理系统用例图。

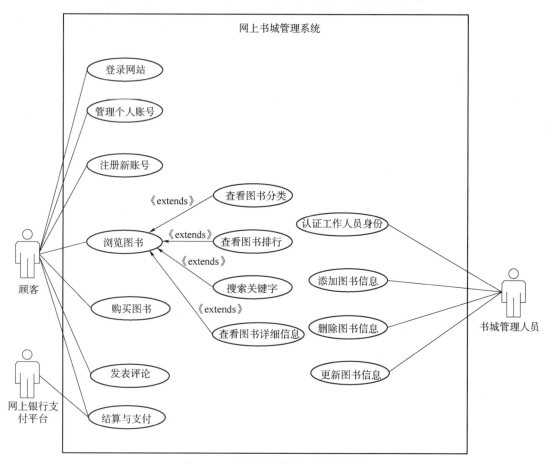

图 3-17　网上书城管理系统用例图

3.3　本章题解

1. 基本认知能力训练

填空类：

（1）面向对象开发方法与传统的以（功能分析）为基础的（面向过程）的结构化分析与设计方法不同，它模拟人们理解和处理客观世界的方式来分析问题，把系统视为一系列（对象）集合。

（2）面向对象方法的（封装）、（继承）、（多态）等机制不仅支持软件复用，而且使软件维护工作可靠有效，可实现软件系统的柔性制造，更好地克服（软件危机）。

（3）面向对象分析阶段建立的 3 个模型中，（对象模型）是核心模型。

（4）面向对象模型主要由（对象模型）、（动态模型）和（功能模型）组成。

（5）对象是客观实体的抽象表示，是由（方法）和（属性）两部分组成，而（类）是对具有相同属性和行为的一组对象的抽象描述。

（6）通常，使用 UML 的（类图）来建立对象模型，使用 UML 的状态图来建立（动态）模型，使用数据流图或 UML 的（用例图）来建立功能模型。

（7）大型复杂系统的对象模型通常由 5 个层次组成，分别是（主题层）、（类与对象层）、（结构层）、（属性层）和（服务层）。

（8）在软件开发过程中，分析阶段得出的最重要的文档资料是软件需求规格说明，在面向对象分析中，主要由（对象模型）、（动态模型）和功能模型组成。

（9）（需求分析）过程是系统分析员与用户及领域专家反复交流和多次修正的过程。

选择类：

（1）在软件开发过程中，进行需求分析之前要进行（A）。

A. 可行性研究　　　　B. 程序设计　　　　C. 编码　　　　　D. 数据库分析

（2）在系统开发过程中，系统详细调查所处的阶段是（A）。

A. 系统分析　　　　B. 系统设计　　　　C. 系统实施　　　　D. 运行和维护

（3）对原系统进行分析和抽象，描述新系统逻辑模型的主要工具是（B）。

A. 组织结构图　　　B. 数据流程图　　　C. 格栅图　　　　　D. 事务流程图

（4）在数据流程图中，不受所描述的系统控制的是（C）。

A. 处理功能　　　　B. 数据存储　　　　C. 外部实体　　　　D. 数据流

（5）逻辑模型设计工作的完成阶段是（A）。

A. 系统分析阶段　　B. 系统设计阶段　　C. 系统实施阶段　　D. 运行和维护阶段

（6）数据流程图的绘制采用（B）。

A. 自下而上的方法　B. 自顶向下的方法　C. 由细到粗的方法　D. 都可以

（7）下列工作中，不属于系统分析阶段工作的是（A）。

A. 绘制模块结构图　B. 系统初步调查　　C. 可行性研究　　　D. 绘制数据流程图

（8）描述基本加工逻辑功能的工具不包括（D）。

A. 结构化语言　　　B. 决策树　　　　　C. 决策表　　　　　D. 数据流程图

（9）关于系统开发，不正确的叙述是（A）。

A. 要尽早进入物理设计阶段　　　　　　B. 系统分析解决"怎样作"

C. 系统设计解决"做什么"　　　　　　D. 应遵循"先逻辑、后物理"的原则

（10）（A）是系统分析阶段中使用的一种开发工具。

A. 数据流程图　　　B. 程序流程图　　　C. 网络图　　　　　D. 功能结构图

（11）数据字典是软件需求分析阶段的重要工具之一，它的基本功能是（A）。

A. 数据定义　　　　B. 数据维护　　　　C. 数据通信　　　　D. 数据库设计

（12）系统分析的主要目标是完成系统的（B）。

A. 详细调查　　　　B. 逻辑方案　　　　C. 初步调查　　　　D. 可行性分析

（13）继承机制的作用是（C）。

A. 信息隐藏　　　　B. 数据封装　　　　C. 派生新类　　　　D. 数据抽象

（14）类模板经过实例化而生成具体（A）

A. 对象　　　　　　B. 模板函数　　　　C. 函数模板　　　　D. 类

（15）类与类之间通常会有关联，下面哪个不是（D）。

A. 依赖关系　　　　B. 聚集关系　　　　C. 泛化关系　　　　D. 总分关系

（16）下面哪个不是 UML 中的静态视图（A）。

A. 状态图　　　　　B. 用例图　　　　　C. 对象图　　　　　D. 类图

（17）在用例之间，会有三种不同的关系，下列哪个不是它们之间可能的关系（D）。

A. 包含（Include）　　　　　　　　　B. 扩展（Extend）

C. 泛化（Generalization）　　　　　　D. 关联（Connect）

（18）在一个"订单输入子系统"中，创建新订单和更新订单都需要检查用户账号是否正确。那么，用例"创建新订单""更新订单"与用例"检查用户账号"之间是（B）关系。

A. 扩展（Extend）　　　　　　　　　B. 包含（Include）

C. 分类（Classification）　　　　　　D. 聚集（Aggregation）

（19）在面向对象程序设计语言中，（B）是利用可重用成分构造软件系统的最有效的特性，它不仅支持系统的可重用性，而且还有利于提高系统的可扩充性。

A. 封装　　　　　　B. 继承　　　　　　C. 抽象　　　　　　D. 引用

（20）阅读图例（如图 3-18 所示），判断下列哪个说法是错误的（C）。

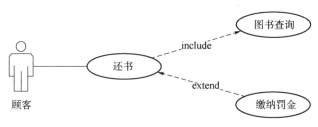

图 3-18　还书管理系统用例图

A. 读者可以使用系统的还书用例

B. 每次执行还书用例都要执行图书查询用例

C. 每次执行还书用例都要执行交纳罚金用例

D. 执行还书用例有可能既执行图书查询用例，又执行交纳罚金用例

2. 综合理解能力训练

（1）什么是数据流图？数据流图的作用是什么？数据流图由哪几部分组成？

答：数据流图是软件系统结构化分析的基本工具，它是系统逻辑功能的图形化表示，描绘信息流和数据从输入移动到输出的过程中所经受的变换，具有直观、形象以及易理解的特点。数据流图由四个基本成分组成，即数据流、数据处理、数据存储和外部实体（即数据源点和数据终点）。

（2）简述面向对象模型采用的五层结构。

答：①类和对象层：划分待开发系统及其环境信息的基本构造单位，标出反映问题域的对象和类，并用符号进行规范的描述，用信息提供者熟悉的术语为对象和类命名。②属性层：定义对象和某些结构中的数据单元，继承结构中所有类的公共属性可放于通用类中。标识对象类必需的属性并放在合适的继承层次上，属性的特殊限制和实例连接关系也应标识出来。③服务层：表示对象的服务或行为，即是要定义类上的操作。④结构层：标识现实世界中对象之间的关系。当一个对象是另一个对象的一部分时，用整体—部分关系表示；当一个类属于另一个类时，用类之间继承关系表示。⑤主题层：可将相关类或对象划分为一个主题。

（3）设某高校拟开发一个教学管理系统，软件开发需要的各种费用成本为 15 万元。投入运行后未来 5 年的每年收益预计分别为 8 万元。设银行年利率为 6%。试计算：①5 年期间系统运行的纯收入。②系统投入运行的投资回收期。

解：

①5 年期间系统运行的纯收入为：

第一年收入 8 万元折算为现在的价值：$8 万/(1+6\%) = 7.547 万元$

第二年收入 8 万元折算为现在的价值：$8 万/(1+6\%)^2 = 7.120 万元$

第三年收入 8 万元折算为现在的价值：$8 万/(1+6\%)^3 = 6.717 万元$

第四年收入 8 万元折算为现在的价值：$8 万/(1+6\%)^4 = 6.337 万元$

第五年收入 8 万元折算为现在的价值：$8 万/(1+6\%)^5 = 5.978 万元$

5 年期间系统运行的纯收入为：$7.547+7.120+6.717+6.337+5.978-15 = 18.699 万元$

②系统投入运行的投资回收期：

系统投入运行前 2 年的收益为 $7.547+7.120 = 14.677$ 万元，距离系统开发维护总成本 15 万元还差 $15-14.677 = 0.333$ 万元。

系统运行第 3 年的全年收益为 6.717 万元，如果每年每月收益平均，则第 3 年回收 0.333 万元的时间为 $0.333/6.717 = 0.05$ 年，也即 $12*0.05 = 0.6$ 月。

因此，系统投资回收期为：$2+0.05 = 2.05$ 年，或 2 年 0.6 个月。

3. 逻辑分析能力训练

（1）某银行业务办理系统的工作过程大致如下：储户填写的存款单或取款单由业务员键入系统，如果是存款则系统记录存款人姓名、住址（或电话号码）、身份证号码、存款类型、存款日期、到期日期、利率及密码（可选）等信息，并打印出存款存单给储户；如果是取款而且存款时留有密码，则系统首先核对储户密码，若密码正确或存款时未留密码，则系统计算利息并打印利息清单给储户。请用数据流图描绘本系统的功能。

解：经过对题目所给的银行业务办理系统的需求描述的分析，得到数据流图的四个元素：

④外部实体：数据源点：业务员，储户；数据终点：储户。

②数据处理：接受事务，记录存款信息，打印存款清单，核对用户取款信息，计算利息，打印利息清单，验证密码。

③数据存储：存款信息，账号信息。

④数据流：事务、存款业务、取款业务、存款信息、存款清单、密码、正确密码、取款额、利息、利息清单；

根据以上分析的结果，绘制银行业务办理系统的顶层数据流图、一层数据流图和二层数据流图具体如图 3-19、图 3-20 和图 3-21 所示。

图 3-19　银行业务办理系统顶层数据流图

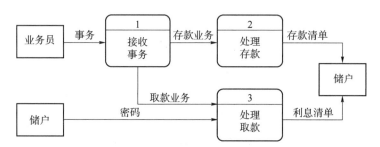

图 3-20　银行业务办理系统一层数据流图

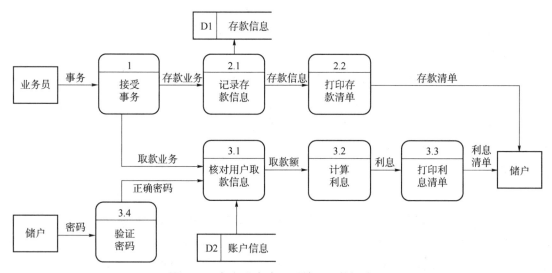

图 3-21　银行业务办理系统二层数据流图

（2）某高校拟开发一个学生考试成绩管理系统，用来记录并管理学生所修读课程的平时成绩和考试成绩，具体功能描述如下：

①每门课程有相应的课程信息，课程授课及考核结束后由授课教师将各项成绩上传给成绩管理系统。

②在记录学生成绩之前，系统需要验证学生成绩是否有效。首先，根据学生信息文件来确认该学生是否选修这门课程，若没有选修该课程，则成绩无效；如果选修该课程，再根据课程信息验证成绩是否相符，如果是，这些成绩是有效的，否则无效。

③若一门课程的所有有效成绩都已经被系统记录，系统会发送课程结束通知给教务处，

告知该门课程的成绩已经齐全。教务处根据需要，请求系统生成相应的成绩列表，用来提交成绩审核组审查。成绩审核组在审查之后，将审查结果返回系统。对于所有通过审查的成绩，系统将会生成最终的成绩单，并通知每个选课学生。

解：现采用结构化方法对这个系统进行分析与设计，首先分析得到数据流图的四个元素，然后绘制顶层数据流图和功能级数据流图，如图3-22和图3-23所示。

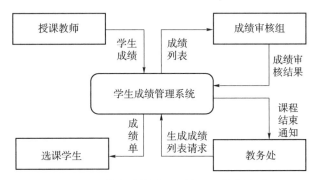

图3-22   学生成绩管理系统顶层数据流图

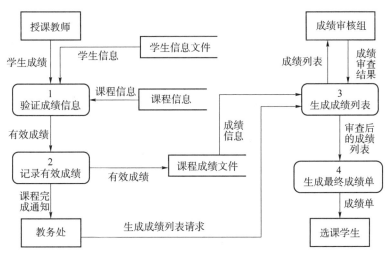

图3-23   学生成绩管理系统功能级数据流图

（3）某公司为了方便管理员工信息和方便员工之间的联系，决定开发一个小型员工个人信息管理系统。系统功能如下：

系统管理员能为新入职员工添加账号并授权登录，拥有授权账号的客户可以使用系统提供的页面进行登录，可以设置个人密码和修改个人信息，可以查找浏览其他人员的信息（包括姓名、住址、电话号码等）。系统管理员负责审核员工的个人信息，可以删除离职员工的账号信息。根据需求描述，用面向对象方法进行软件开发，分别建立系统的功能模型和对象模型。

解：①根据系统的需求描述可以确定4个类，具体如下所示：

（Ⅰ）员工（Ⅱ）系统管理员（Ⅲ）员工个人信息（Ⅳ）员工信息列表

在建立系统的对象模型时，大多数类之间都将会以某种方式彼此通信，因此需要描述这些类之间的关联，并在关联的两端标注重复度。经过分析，建立系统的对象模型如图 3-24 所示。其中，1 个员工类的实例与 1 个员工个人信息类的实例相关，反之亦然；1 个系统管理员实例与 1 个员工信息列表实例相关，1 个员工信息列表实例可与 0 或多个系统管理员实例相关；1 个员工类的实例与 1 个员工信息列表实例相关，1 个员工信息列表实例与 0 或多个员工类的实例相关；1 个员工个人信息类的实例与 1 个员工信息列表实例相关，1 个员工信息列表实例与 0 或多个员工信息类实例相关。

【重复度：定义了某个类的一个实例可以与另一个类的多少个实例相关联。通常把它写成一个表示取值范围的表达式或者一个具体的值。】

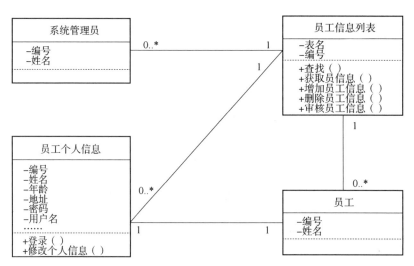

图 3-24　员工个人信息管理系统对象模型

②根据系统的需求描述，可以确定系统的执行者和执行者使用的功能如表 3-11 所示：

表 3-11　执行者及其使用功能

执行者	描述
员工	使用系统的用户，可以登录系统、设置密码、修改个人信息和查找其他员工信息
系统管理员	管理系统的用户，可以添加、删除员工账号和审核员工信息

根据上述分析，建立系统的功能模型如图 3-25 所示。因为要先"登录"才能进行"修改个人信息""设置密码"和"查找员工信息"的操作，所以"修改个人信息""设置密码"和"查找员工信息"与"登录"之间为包含关系。

【包含关系：表示用例与用例之间的关系，其中一个用例（基础用例）的行为包含了另一个用例（包含用例）的行为。】

（4）基于 3.2.2 节中给出的网上书城需求描述，针对"结算与支付"功能，建立相应的事件跟踪图和活动图。

解：④事件跟踪图。

根据网上书城的需求描述，编写结算与支付过程事件的脚本如表 3-12 所示。

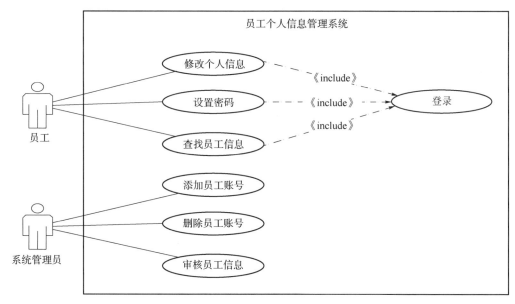

图 3-25   员工个人信息管理系统功能模型

表 3-12   结算与支付过程事件的脚本

> 顾客完成购物，请求结算支付
> 系统显示顾客的购物车信息，包括：商品名称、数量、单价
> 顾客调整购物车中的商品（调整物品数量或删除物品）
> 系统根据顾客购买的商品，计算商品总价
> 系统显示商品总价、收货人姓名、送货地址、联系电话等信息，等待顾客确认
> 顾客确认商品信息和送货信息无误，确定购买
> 顾客选择支付方式
> 如果顾客选择货到付款，则直接生成订单，订单的支付方式为"货到付款"，订单状态为"等待处理"
> 如果顾客选择网上银行支付，则将本次交易信息发送到网上银行支付平台，跳转到网上银行支付平台；用户在银行支付平台上输入银行卡号、密码、验证信息等内容；跳转回网上书城；从网上银行支付平台上读取用户支付情况；如果付款成功，则生成订单，订单的支付方式为"网银支付"，订单状态为"等待处理"
> 清空购物车，通知顾客订货完成，订单等待处理中

从脚本中提取出各类事件，并确定每类事件的发送对象和接受对象，得到如图 3-26 所示的结算与支付事件跟踪图。

②活动图。

基于网上书城的需求描述，得到结算与支付事件的活动图，具体如图 3-27 所示。

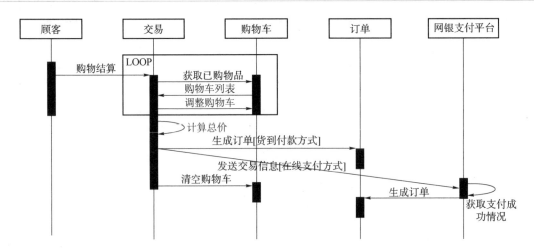

图 3-26　结算与支付事件跟踪图

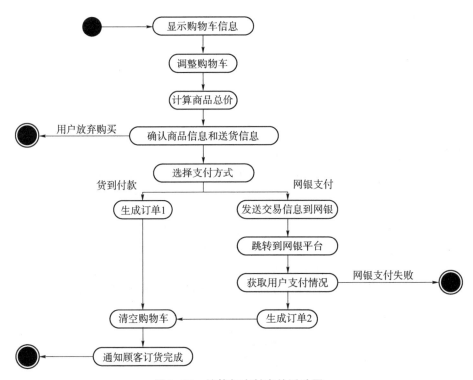

图 3-27　结算与支付事件活动图

第4章 系统设计

本章主要内容

本章主要内容包括：结构化设计（总体设计和详细设计）的原理、工具、方法，面向对象设计准则、系统分解。具体包括模块独立性、启发式规则、层次图，人机界面设计，盒图，判定树（表）程序复杂度定量方法；面向对象启发式规则、软件重用，系统分解。通过本章课程学习，能够初步应用结构化方法与面向对象方法设计不同的软件系统，并能够对不同软件模型进行比较与综合。

本章学习目标

- 了解抽象、启发式规则、结构程序设计、软件重用、变换分析
- 掌握模块独立、层次图、盒图、判定树（表）
- 掌握 McCabe 方法、面向对象子系统设计

4.1 结构化设计

上一章的内容是系统需求分析，本章主要内容是系统设计方法。系统设计通常可分为结构化设计方法和面向对象设计方法。而结构化设计通常可分为总体设计和详细设计。总体设计主要是设计所开发系统的框架（蓝图），并在此基础上进行下一个阶段即详细设计阶段的工作，详细设计阶段工作在以总体设计阶段结果的基础上进行。

4.1.1 总体设计

总体设计是软件开发者根据上一阶段系统需求分析阶段的结果，将目标系统的逻辑模型转换为物理模型，该阶段得到的工作成果是系统总体设计说明书。

1. 系统总体设计内容

（1）系统模块结构设计。

系统模块结构设计的任务是划分子系统，然后确定子系统的各个模块结构，并最终得到系统功能模块结构图。此过程的工作步骤是：将一个系统划分成多个子系统；每个子系统划分成多个模块；确定子系统之间、模块之间的数据传送及其调用关系；改进模块整体结构。

（2）系统配置方案设计。

在进行总体设计时，还需进行系统配置方案设计，即计算机软硬件系统配置、网络通信配置等。进行计算机软硬件配置应向相关单位了解相关配置的运行情况及优缺点，通过专家论证，提交配置方案报告，审核通过后可实施系统配置。

2. 系统总体设计目标

系统总体设计目标是在保证实现系统逻辑功能的基础上，尽可能提高目标系统的简单性、完整性、可靠性、经济性、可伸缩性，保障系统的运行效率和安全性，并最终提交包括系统模块结构和计算机系统配置方案的系统总体设计说明书。

3. 系统设计原则

（1）简单：在满足用户需求的前提下，系统开发者应尽量使系统功能模块功能简单，这样就可减少模块处理费用，便于模块实现和管理。

（2）完整：在满足用户需求的前提下，无论是系统模块功能还是系统的数据都应尽量保证完整。

（3）可靠：系统的可靠性指系统软硬件在使用过程中正常运行的能力。衡量系统可靠性的指标通常是系统平均无故障时间，即系统运行前后两次发生故障的间隔时间，故障间隔时间越长，系统可靠性就越高，有效运行时间就越长，效益就越高。

（4）经济：在满足用户需求的前提下，系统开发者应合理安排软件开发进度、调配各项资源，降低系统开发和维护费用。

（5）可伸缩：好的软件系统对外界环境的变化应具有适应能力，即系统各个功能模块具有可扩展性、易扩展性。

4. 子系统划分要求

结构化分析与结构化设计的基本思想都是自顶向下层层划分整个系统。系统功能模块图就是自顶向下按层次将系统划分为若干个子系统，每个子系统再划分为若干模块。子系统划分要求包含以下两点：

（1）子系统内具有高内聚性。

在所开发软件的总体设计中，每个子系统或模块内部都要保持高内聚性，以使模块内部的代码尽量简单、数据具有较低冗余度，这都有利于以后的模块测试。

内聚性：内聚是对软件功能模块内部为实现某一功能的各元素（代码与数据）相关性的度量。内聚性可分为高内聚、中内聚和低内聚。高内聚要求软件模块内的各个元素具有较高的一体性，共同协作完成模块的功能。内聚度由低到高分为以下几类。

低内聚包括以下几点：

①偶然内聚。系统的某些元素之间毫无关系或关系不大，只是共同出现在了某些模块中，可将这些元素聚集在一个模块内，则该模块内聚性为偶然内聚。

②逻辑内聚。将几个逻辑相关的元素放在同一模块中，则称为逻辑内聚。例如，一个模块是将成绩发给学院和教务处，具体发给哪个部门则由传入的控制信息决定。

③时间内聚。如果一个模块内部的元素需要在同一时间内执行，如可将系统初始化的各个操作代码封装到一个模块内，则称为时间内聚。

中内聚包括以下几点：

①过程内聚。如果一个模块内部的各个元素是以特定的次序执行，如某登录验证模块内需要先读取用户名及密码，再验证其有效性，则称该模块内聚性为过程内聚。

②通信内聚。如果一个模块的各个元素都操作同一数据对象或生成同一数据对象，如某模块内完成对输入数据的类型转换操作和入库操作（此二操作不相关），则称该模块内聚性为通信内聚。

高内聚包括以下几点：

①顺序内聚。如果一个模块的各个成分和同一个功能密切相关，而且一个成分的输出作为另一个成分的输入，如某模块内完成对输入数据的类型转换，转换完成后再进行入库操作（此二操作前驱后继关系），则称该模块内聚性为顺序内聚。

②功能内聚。该类内聚要求模块的功能必须是单一的，且模块内的所有元素对模块功能来说，一个都不能少且一个都不能多，则称该模块内聚性为功能内聚。

（2）子系统间具有低耦合性。

在所开发软件的总体设计中，每个子系统或模块之间都要保持低耦合性，即子系统间的联系要尽量减少、接口尽量简单明晰，这样就可以提高系统的测试和调试效率，降低系统维护和运行成本。

耦合性：耦合是指一个软件体系结构内部的各个模块间联系的密切程度。联系越紧密，耦合性越高，模块的独立性则越低。模块间耦合性的高低取决于模块间参数传递方式、模块调用方式等。耦合由低到高分为以下几类：

低耦合性包括以下几点：

①数据耦合。如果模块间传递的是基本类型的数据信息，则称该模块间的耦合性为数据耦合。

②控制耦合。如果模块间传递的是数据信息和控制信息，则称该模块间的耦合性为控制耦合。

高耦合性包括以下几点：

①公共耦合。如果模块间通过一个共同的数据缓冲区或全局数据项进行数据传递，则称该模块间的耦合性为公共耦合。

②内容耦合。如果一个模块直接跳转到另一个模块内部调用其代码或直接操作另一个模块的数据，则称模块间的耦合性为内容耦合。

软件体系结构设计的目标是高内聚、低耦合。也就是让每个模块尽可能地独立完成某个特定的子功能，同时模块与模块之间的接口尽量少且简单。

（3）子系统间数据冗余最小。

不同子系统内部存在冗余数据是系统开发过程中不能忽视的问题，如果不能有效解决，不仅会使软件代码编写变得困难，而且也降低了软件系统的工作效率。因此，在系统分析以及数据库设计过程中需要对不同子系统间的数据进行比对、去冗。

（4）子系统划分便于系统实现。

系统设计阶段也需要考虑下一阶段——系统实现阶段的工作。系统设计阶段结果也是系统实现阶段工作的基础，所以子系统划分必须使系统实现后能够满足当前的各项需求和操作者的操作习惯，以使系统能更高效地运行。下面是系统划分应用举例。

目前在软件开发过程中，已经有大量的技术框架帮助开发者降低软件系统的耦合度。常用的技术框架如 MVC 模型、SSM 模型、Springboot 模型等，可以让页面视图与业务逻辑分离，实现其间的低耦合。这样带来的好处是：当页面视图需要变化时，只需修改页面视图（HTML 代码）即可，而不需修改业务逻辑；同样的是，当业务逻辑需要修改时，只需要修改业务逻辑（Java 代码），而不需修改页面。当使用 spring 时可以运用 IoC（控制反转）技术来降低业务逻辑中各个类间的相互依赖。Mybatis 技术则可使软件系统的业务逻辑与数据持久化映像，也就是实现业务逻辑与数据库的数据操纵分离。

5. 描述系统总体结构的图形工具

层次图是描述系统总体功能结构常用的树形图，用方框描述系统的每个功能模块，上下层模块间的连线表示上层模块包含和调用下层模块，每个模块的编号也体现了上下层模块间的关系。某管理信息系统总体功能结构层次图如图 4-1 所示。

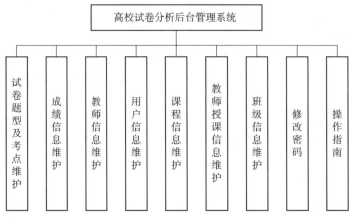

图 4-1　系统总体功能层次图示例

6. 数据流图转换

层次图是由系统设计的上一阶段系统分析阶段的数据流图转换而来。数据流图也是分层次的。分层数据流图示例如图4-2所示。

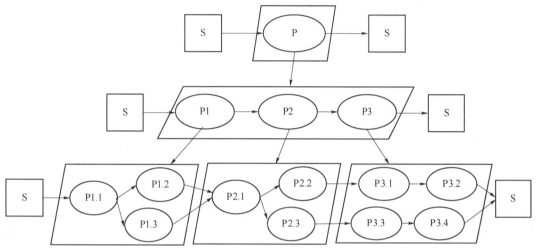

图4-2 分层数据流图示例

分层数据流图对应的层次图如图4-3所示。

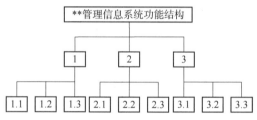

图4-3 由数据流图转换的层次图

衡量层次图的主要参数有层次图的深度、宽度、每层模块的扇出数、扇入数。层次图的深度是指其树形结构的层次数；宽度是指层次图每层模块数的最大值；扇出数是指某上层模块能直接调用的下层模块数量；扇入数是指能直接调用某下层模块的上层模块的数量。好的软件系统体系结构层次图的平均扇入数、扇出数通常是3~5，一般不应超过7，宽度与深度要适中。即：高层高扇出，中层低扇出，底层高扇入。

4.1.2 详细设计

总体设计的下一步是详细设计，主要包括模块的处理过程设计、代码设计、界面设计、数据库设计、输入输出设计等。处理过程设计的主要任务是设计每个模块内部的具体执行过程，包括模块内部的数据结构与数据组织、程序的控制流程、每一步操作的具体要求等。详细设计后需要编写系统设计说明书即系统设计阶段的结果，主要包括系统功能模块图、模块详细说明书和其他详细设计内容与结果。系统设计说明书审核通过后，系统设计阶段的工作就完成了。

1. 界面设计

界面又称人机接口、用户界面、人机交互、人机界面，是人与软件系统间信息交互所必须的桥梁。在进行人机界面设计时需要了解以下几点。

（1）人机界面发展方向：主要包括高科技化、自然化、人性化。

（2）人机界面基本特征：主要包括交互性、复杂性、实时性、一致性、可靠性、灵活性。

（3）人机界面质量评价：主要包括用户满意度，操作的便捷度、响应度、可逆性，信息的一致性；简单的理解就是：界面美观舒适，操作简单易用；响应快。

人机界面设计的具体例子如图 4-4 所示，即某管理信息系统的操作界面。由图可以看出各个操作标签提示简明易用，符合界面设计要求。

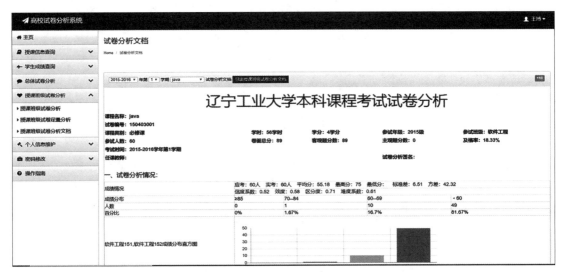

图 4-4　人机界面示例

2. 详细设计工具

系统详细设计工具包括程序流程图、盒图、PAD 图、判定表、判定树等。

（1）程序流程图。

程序流程图与处理逻辑流程有关而与程序设计语言无关。程序流程图直观清晰，易于掌握，但缺点明显。例如，其程序控制流程的箭头可随意转移，容易造成死循环使得程序结构变得复杂不易实现。建议尽量使用如图 4-5 所示的几种基本控制结构，即顺序结构、选择结构、循环结构等。

（2）盒图。

盒图也称 NS 图，是由 Nassi 和 Shneiderman 提出的结构化程序设计的图形工具。NS 图采用了四种基本控制结构，如图 4-6 所示。

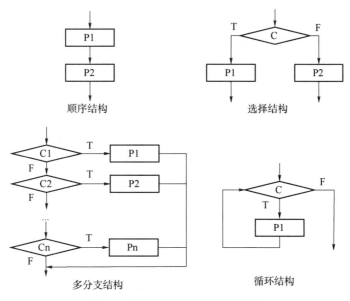

图 4-5　程序流程图基本控制结构

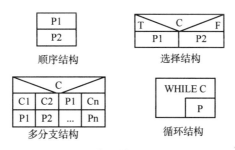

图 4-6　盒图基本控制结构

（3）PAD 图。

PAD 由日本日立公司提出，由程序流程图演化而来。PAD 也采用了五种基本控制结构，并允许递归使用。PAD 图四种基本控制结构如图 4-7 所示。

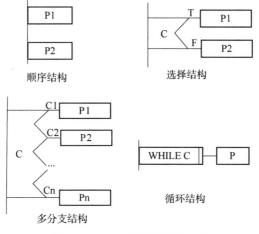

图 4-7　PAD 图控制结构示例

（4）判定表。

判定表是详细设计过程中表达逻辑判断的工具。其优点是能充分表示所有条件及其组合，缺点是只能表达多条件判断且表示形式略显烦琐。判定表通常包含以下四个部分：

条件变量：条件变量位于判定表的左上部，通常列出能满足规则的所有判定条件，可无序排列，如果某个条件变量有两种取值则可列出其中的一种取值（也可列出两种取值），如果某个条件变量有三种取值则可列出其中的两种取值（也可列出三种取值）。

决策规则：位于判定表的左下部，通常列出决策的所有操作规则，可无序排列。

条件变量组合：位于判定表右上部，通常列出所有条件变量的各种取值的组合。

决策规则选择：位于判定表右下部，通常列出在各种条件的各种取值的组合情况下对应的决策规则。判定表通常用来处理多条件变量的组合。某仓库方发货与欠款时间及供货量（需求方）的供货方案判定表的具体示例如表4-1所示。

表4-1　判定表示例

决策规则编号		1	2	3	4	5
条件	欠款时间小等于30天	Y	Y	N	N	N
	欠款时间小等于60天	N	N	Y	Y	N
	欠款时间小等于90天	N	N	N	N	Y
	供货量小等于库存量	Y	N	Y	N	
采用的规则	立即发货	√				
	先按库存量发货再补发		√			
	先付欠款再按供货量发货			√		
	先付欠款再按库存量发货				√	
	先付欠款					√

（5）判定树。

判定树也称决策树，也是一种表达多条件组合的工具，相比于判定表，判定树更为直观、方便。

判定树通常包括以下三个部分：

决策点：即判定树的根结点。

条件结点：即判定树的分支结点，代表各种备选方案。

规则结点：即判定树的叶子结点，代表每个方案最终结果即各种方案对应的规则。

某仓库发货与欠款间的供货方案判定树具体示例，如图4-8所示。

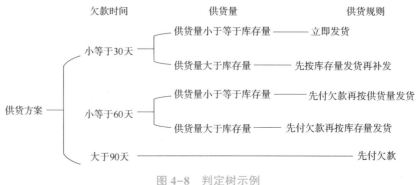

图4-8　判定树示例

3. 程序复杂性度量

程序结构的复杂性度量方法包含 McCabe 方法和 Halstead 方法。

McCabe 方法用程序流图来度量程序结构的复杂性，并结合了程序控制论和图论。

这两种方法都是在程序流图基础上进行计算。程序流图是程序流程图的简化：将程序流程图中的每个元素简化为一个不包含操作信息圆点，生成一个包含结点和弧的有向图，即程序流图。

而 Halstead 方法是从统计学角度计算程序结构复杂性。Halstead 方法的重要结论之一是：程序实际的 Halstead 长度值 N（即程序结构复杂度）可以由代码行词汇 n 算出，具体方法可以查阅相关资料。设某段程序伪代码如下：

```
A:Input(score);
B:If score<60
C:Then print('fail')
D:Else print('pass')
E:If score>90
F:Then print('better')
G:End
```

基于上述代码行，如图 4-9 表示了其对应的程序流程图与程序流图。

McCabe 方法计算复杂性：在原始程序流图中增加一条由终点到起点的弧使图中所有区域为闭区域。如果一个程序流图有 e 条边和 n 个结点，那么该程序流图的复杂度为：$v(G)=e-n+2$ [不计算后加的弧，若计入后加的弧，则 $v(G)=e-n+1$]。该流图共有 8 条弧和 7 个顶点，则复杂度为 $8-7+2=3$。如果计算程序流图的不相交闭区域数量也可计算得到环形复杂度：$v(G)=d+l$ [d 为流图中不相交的闭区域数量，不计后加弧产生的闭区域，若计入后加弧产生的闭区域，则 $v(G)=d$]。该流图共有 2 个不相交的闭区域，则该程序流图的复杂度为：$2+1=3$。若计入后加弧产生的闭区域，该流图共有 3 个不相交的闭区域，复杂度依然为 3。

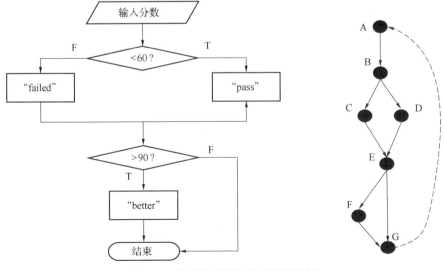

图 4-9　程序流程图与程序流图示例

上述代码程序结构复杂性的 Halstead 计算方法在此略。需要说明的是，这两种度量方法不适用使用面向对象程序方法开发的软件系统的程序结构复杂性的度量计算。

4.2　面向对象设计

面向对象设计（OOD）是对面向对象分析（OOA）的结果进行细化，以便能够开展下一阶段即面向对象实现也就是面向对象程序设计（OOP）的工作。面向对象分析是以待解决的实际问题域中的对象为中心，主要考虑是什么、做什么的问题，而不考虑软件系统如何实现的问题；面向对象设计主要考虑怎么做、如何做的问题，需要同时考虑与软件实现有关的问题。

4.2.1　设计准则

1. 单一原则

所谓单一原则是指一个类只负责单一一项职责，如果一个类有多个职责，会导致内聚度较低，进而造成软件体系结构质量不高。

示例：一个类 C 的职责包括 T1 和 T2 且不相关。如果由于 T1 需求发生改变而需要修改类 C 时，可能会导致 T2 发生故障。

解决方法：依照单一原则，将类 C 分解为两个类 C1、C2，使 C1 完成 T1 职责，C2 完成 T2 职责。这样，当修改类 C1 时，不会使 T2 发生故障；同理修改 C2 时，也不会使 T1 发生故障。

2. 里氏原则

里氏替换原则是面向对象设计的基本原则之一。其主要内容是：子类可以扩展父类的信息，但不能改变父类原有的信息。

示例：功能 T 由类 A 完成。现将功能 T 扩展为 T2，T2 包含 T 和 T1，T1 由 A 的子类 A1 实现。则子类 A1 在完成新功能 T1 时，可能会导致原有功能 P1 发生故障。

解决方法：使用继承必须遵守里氏替换原则。类 A1 继承类 A 时，除继承父类方法和添加新方法完成新增功能 T2 外，尽量不要重写和重载父类的方法。

3. 迪米特法则

该法则也称为最小联系原则，也就是说一个软件模块应当尽可能少地与其他模块发生相互联系，即使有联系也是最小且简单的联系，从而使得系统功能模块具有较高的独立性。遵守此规则的好处是，当一个模块修改时，其他受影响的模块数量少从而提高了系统的稳定性，同时会使系统功能模块的扩展变得相对容易。

问题由来：类与类之间的关系越密切，其间的耦合度就越大，因此当一个类发生改变时，另一个类也势必会作出很大的调整。

解决方法：降低类与类间的耦合。

4. 开闭原则

开闭原则指一个功能模块（或类、函数）允许扩展（对扩展开放），拒绝修改（对修改关闭）。因此，在模块需要扩展时，不能直接修改模块代码，而是通过继承等方法来实现，这就使模块具有较好的扩展性且易维护。

问题由来：软件模块因需求变化而需要变更和维护进而需要更新的代码时，如果修改原代码，可能会在原代码中引入新的错误，就不得不对全部模块进行调整和测试。

解决方法：当软件模块需要更新时，尽量通过软件模块的扩展行来实现，而不修改原代码。

开闭原则是面向对象设计的基本原则，其思想是建立稳定且易于扩展的系统。

4.2.2　软件重用（复用）

软件重用包括软件构件可重用和软件构件开发方法可重用。软件重用不仅能提高软件生产率，还能减少软件开发成本，提高软件系统质量。具体表现在以下几个方面：

（1）软件复用最明显的好处是能够提高软件生产率，从而减少软件开发代价。

（2）复用经过检验的软件构件，不仅减少了错误的出现，同时软件构件维护成本也大大减少了。

（3）软件复用有利于提高子系统间的互操作性。通过复用一个接口的同一个实现，子系统将更为有效地实现与其他子系统之间的互操作。

（4）软件复用还可以支持快速原型，利用可复用软件构件库可以快速有效地构造出应用系统的基本原型。

4.2.3　设计子系统

1. 系统分解

系统的各子系统间的接口应尽量简单、清晰。与面向对象分析模型相同的是面向对象设计模型也分为主题、类、对象、结构、服务5个层次。在逻辑上包含问题域子系统、人机交互子系统、任务管理子系统和数据管理子系统4部分。面向对象设计模型具体如下图4-10所示。

图 4-10　对象设计模型示例

2. 设计问题域子系统

设计问题域子系统，就是在 OOA 模型（对象模型、动态模型、功能模型）基础上，从实现的角度调整（增添、合并或分解）类与对象、属性和服务、调整类间关系（继承等）。具体如重用已有的类、调整继承的层次，使用单继承、多继承机制等。

3. 设计人机交互子系统

设计人机交互子系统，就是设计用户界面模型，主要包括菜单设计、窗口设计、输入输出界面设计等。具体如窗口和报表的样式、命令的层级等。设计人机交互子系统需要对用户进行分类和描述，需要设计命令层次，需要设计人机交互类。

4. 设计任务管理子系统

设计任务管理子系统，就是建立一些类，用来处理系统级的并发、中断、调度等任务。主要设计过程为：

（1）分析任务并发性。

如果对象间存在交互，或同时接受事件，则此类对象是并发的。并发任务可以在多处理器上实现，也可以在单个处理器上利用多任务并发来实现。

（2）设计任务管理子系统。

先要明确、分类任务类型，任务类型主要包括事件驱动型任务和时钟驱动型任务；然后确定优先任务，一般来说任务优先级由高到低；再确定哪些是关键任务（高可靠性、严格的编码与测试）；接下来要协调任务，当同时运行的任务在 3 个以上时需要协调；最后确定任务资源需求，即计算系统单位时间处理业务数，估算所需 CPU 资源。

5. 设计数据管理子系统

数据管理子系统主要是对系统中存储的永久性数据对象的访问和管理。主要任务包括以下几点：

（1）选择数据存储管理系统，包括文件系统、关系数据库管理系统、面向对象数据库管理系统。

（2）设计数据管理子系统，包括设计数据模式以及相关的操作（服务）。

4.2.4　设计服务

在面向对象分析结果之一的对象模型中，并没有对类中服务（操作）进行明确和描述，而是需要在面向对象设计时进行详细描述、修改和完善，具体包括：

（1）确定类中的服务（操作），即把动态模型中对象的行为，和功能模型中数据的处理转化为类中的服务（操作）。

（2）设计实现服务（操作）的方法（算法），即设计方法（算法）的复杂度、可读性、可实现性、可修改性；设计方法（算法）的数据结构等。

4.2.5　设计关联

类及其间关联是面向对象模型的核心，因此必须明确实现类间关联的具体策略，需明确使用关联的方式，具体如单向和双向关联的遍历，单向和双向关联的实现，以及关联对象关联类的实现方式等。

4.3　本章题解

1. 基本认知能力训练

填空类

（1）详细设计的目标不仅要保证处理过程的逻辑正确，还要保证处理过程（简单清晰）。

（2）结构化分析方法的主要策略是（自顶向下逐步求精）。

（3）衡量模块独立性的两个度量标准是（耦合性与内聚性）。

（4）软件生存周期中花费精力和费用最多的阶段是（维护）。

（5）子类自动共享其父类的数据结构和方法的机制是（继承）。

（6）软件总体设计主要采用了（抽象、模块化、信息隐蔽）等思想以提高软件结构质量。

（7）UML 的类间关系有（依赖、关联、泛化、实现）4 种类型。

（8）如果某个模块的一组操作包含多个条件组合时，可以使用（判定表或判定树）进行描述。

（9）结构化程序通常由（顺序、选择、重复）三种基本控制结构组成。

（10）在模块设计时，如果一个模块所包含的数据，对于不需要这些数据的其他模块来说是不可访问的，则模块间实现了（信息隐蔽）。

（11）一个类的若干对象具有相同的数据结构和相同的行为特征，此为类的（共享）性。

（12）结构化方法包含（结构化分析、结构化设计、结构化程序设计），它是一种面向数据流的软件开发方法。

选择类

（1）用例图描述的是（A）与系统功能之间的联系。

A. 系统用户　　　　B. 系统程序员　　　　C. 系统架构师　　　　D. 系统分析员

（2）在 UML 中，- - -include - -→ 表示的是用例间（D）关系。

A. 关联　　　　B. 依赖　　　　C. 扩展　　　　D. 包含

（3）以下不是用例之间关系的是（D）。

A. extends　　　　B. include　　　　C. generalization　　　　D. relation

（4）储户从银行 ATM 取款过程中，哪个为用例图中的参与者（Actor）（A）。

A. 储户　　　　B. ATM　　　　C. 银行　　　　D. 分行计算机

（5）一个研究生在读同时，还兼做家教，则二者关系较为合理的是（D）关系。

A. 聚集　　　　B. 继承　　　　C. 依赖　　　　D. 关联

（6）描述接听电话过程中各个类的状态的用（B）图比较合适。

A. 类图　　　　B. 状态图　　　　C. 活动图　　　　D. 用例图

（7）汽车由轮子、发动机、油箱、座椅、方向盘等组成。那么汽车类和其他类之间的关系是（D）关系。

A. 泛化　　　　B. 实现　　　　C. 包含　　　　D. 组合

（8）为描述导弹飞行过程中，在不同飞行状态下导弹的响应动作，用（C）描述比较有效。

A. 交互图　　　　　B. 活动图　　　　　C. 状态图　　　　　D. 类图

（9）在某订单管理系统中，更新订单时要核对用户账号，则用例更新订单与用例核对用户账号之间关系是（A）。

A. 包含　　　　　R. 扩展　　　　　C. 分类　　　　　D. 聚集

（10）UML 中用来表示系统某活动的每一步骤的条件与状态的图形是（A）。

A. 活动图　　　　　B. 业务图　　　　　C. 用例图　　　　　D. 交互图

（11）结构化设计方法在软件开发过程中主要用于（A）。

A. 总体设计　　　　　B. 程序设计　　　　　C. 测试用例设计　　　　　D. 维护用例设计

2. 综合理解能力训练

（1）在结构化方法的数据流图、数据字典各有何作用？

答：数据流图主要描述数据在系统中的流动、操作与分解过程。数据字典是数据流图的辅助，主要定义和解释数据流图中的每一个元素。

（2）什么是多继承？

答：如果子类只继承一个父类的数据和方法，称之为单继承。如果子类能够继承多个父类的数据和方法，则称之为多继承。

（3）画出下面伪码程序的 PAD 图。

```
WHILE C1 DO
P1;
IF A>0 THEN P2 ELSE P3;
IFB>0 THEN P4;
            WHILE C2 DOP5;
ELSE
P6;
```

解：该伪码对应的 PAD 图如 4-11 所示。

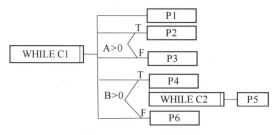

图 4-11　PAD 图示例

（4）画出下列伪码程序的程序流程图和盒图。

```
IF C1 THEN
begin
P1;
WHILEC2 DO
```

```
    P2;
end
ELSE
begin
P3;
P4;
end
```

解：该伪码程序对应的程序流程图和盒图如图4-12所示。

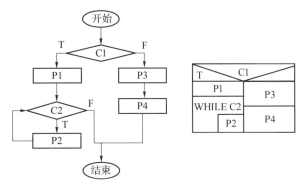

图4-12　程序流程图及盒图示例

（5）天气情况往往决定出行准备：如果要下雨，出门带伞；如果要变冷，出门时穿大衣；如果不下雨或不变冷则不用带伞、穿大衣。请用判定表描述上述逻辑。

解：该天气出行情况判定表如表4-2所示。

表4-2　出行情况判定表

天气与出行	下雨		不下雨	
	转冷	不转冷	转冷	不转冷
带雨伞	Y	Y	N	N
穿大衣	Y	N	Y	N

（6）根据如图4-13所示的程序流程图，计算该程序结构的环形复杂度。

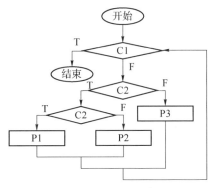

图4-13　程序流程图示例

方法一：将其转换为程序流图（结构与程序流程图相似，可自行画出），利用程序流图中的闭区域数（d）来计算环形复杂度 v(G)=d+1：该程序流程图对应的程序流图中共有三个闭区域，所以它的环形复杂度为 v(G)= 3+1=4。

方法二：利用程序流图中的弧数（e）和顶点数（n）来计算环形复杂度 v(G)= e-n+2，该程序流程图对应的程序流图中的弧数（e）共有 10 条（其中 P1、P2、P3 与 C1 间各有 1 条弧，共 3 条弧），该程序流程图对应的程序流图中结点数（n）共有 8 个，所以它的环形复杂度为 v(G)= 10-8+2=4。

3. 逻辑分析能力训练

（1）某公司开发一个客户信息管理系统，具体如下：任何网络用户都可以注册为公司用户并通过该系统获取相关客户信息；公司授予每个公司客户一个账号，公司客户可以注册账号、设置密码、登录；公司客户注册登录后，可以修改个人信息；管理员可以删除公司客户信息，公司客户和管理员均属于网络用户。该公司系统用例图如图 4-14 所示，此图中 A、B、C、D 各代表什么用例？

答：该公司系统用例图中，A 表示获取客户信息用例，B 表示修改公司客户信息用例，C 表示登录用例，D 表示删除公司客户信息用例。

（2）请解释如图 4-15 所示的用例图含义。

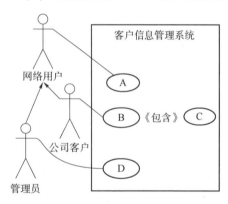

图 4-14　某公司用例图示例

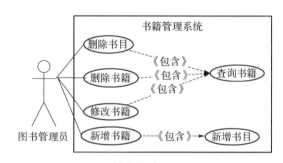

图 4-15　某书籍管理用例图示例

答：图书管理员完成四种用例：新增书籍、修改书籍、删除书目、删除书籍，在修改书籍、删除书目、删除书籍前要查询书籍，新增书籍前先处理新增书目。

（3）某病人就诊住院管理系统工作流程如下：当病人第一次就诊时，导诊员输入病人信息，安排病人预约医生。护士可以查看病人信息，跟踪病人每次看病效果并输入所护理病人的诊疗信息，病人出院时护士打印病人住院信息。大夫检察病人病史，对病人进行诊疗。请根据以上信息绘制出病人就诊住院管理系统基本用例图。

解：病人就诊住院管理系统的用例图如图 4-16 所示。

（4）某高校图书管理系统需求陈述如下：

图书馆作为一个高校信息资源中心，包含很多图书、期刊、论文等重要信息数据，资料种类、数量繁多。以前图书借阅往往采用人工操作，数据处理工作量大，容易出错。使用计算机软件对图书进行管理，能够充分利用图书借阅管理软件系统实现对读者、书籍借阅等自动化管理，可以快速、可靠地实现图书检索，能最大限度地提高图书管理的工作效率。

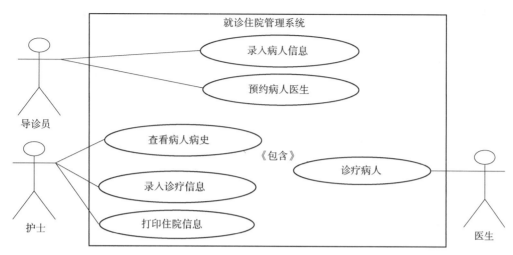

图4-16 就诊住院管理系统用例图

在图书借阅管理中，图书管理员要为每个读者建立账户，账户内存储读者的个人信息和借阅记录；并发放给读者不同类别的借阅卡，持卡读者可以直接与借阅系统交互实现图书借阅、归还，读者可通过互联网或馆内终端查询图书信息和个人借阅信息，完成图书续借。

图书借阅时，先输入读者的借阅卡号，系统验证借阅卡有效性后显示读者的基本信息，方便图书管理员人工核对。然后输入借阅书号，系统查阅图书数据库，显示图书的基本信息。最后提交图书借阅请求，系统接受则计入借阅纪录，并修改可借阅图书的数量。图书归还时，依然输入读者借阅卡号和图书号，系统验证是否有此借阅纪录以及是否超期。如超期或图书丢失，则转入超期或丢失处理环节；如果未超期则删除借阅纪录，并修改可借阅图书的数量。此外，图书管理员还可定期或不定期对图书信息进行入库、修改、删除、注销等操作。

试用面向对象方法对该图书借阅系统进行分析与设计，并给出分析与设计的结果（结果包括：系统用例图、类图、包图、功能结构图、顺序图、状态图、活动图等）。

解：（1）系统用例分析过程：

确定参与者：

通过对系统需求陈述的分析，可以确定系统有两个参与者：图书管理员和读者。

管理员：管理员按系统授权维护和使用系统不同功能，可以创建、修改、删除读者信息和图书信息即读者管理和图书管理，借阅、归还图书以及罚款等即借阅管理。

读者：通过互联网或图书馆查询终端，查询图书信息和个人借阅信息，还可以在符合续借的条件下自己办理续借图书。

确定用例：

在确定参与者之后，进一步分析系统的应用需求，可确定系统的三个基本用例：

借阅管理：包含借书、还书（可扩展过期和丢失罚款）、续借、借阅情况查询；

读者管理：包含读者信息和读者类别管理；

图书管理：包含图书信息管理、图书类别管理、出版社管理、图书注销和图书信息查询。

下面是上面三个用例各自所包含的用例情况具体描述：

借阅记录查询：读者通过互联网或查询终端登录后，查阅个人的借阅记录。

读者信息管理：图书管理员登录后，可以对读者信息进行 CRUD 等操作。

读者类别管理：图书管理员登录后，对读者类别进行 CRUD 等操作。

图书类别管理：图书管理员登录后，对图书类别进行 CRUD 等操作。

出版社信息管理：图书管理员登录后，对出版社详细信息进行 CRUD 等操作。

图书信息查询：读者通过互联网或终端登录后，查询相关图书信息。

下面是图书借阅、归还、续借、注销等用例的具体描述：

用例名称：图书借阅

参与者：读者、图书管理员

前提条件：图书管理员已登录

用例名称：图书归还

参与者：读者、图书管理员

前提条件：读者、图书管理员已登录

用例名称：图书续借

参与者：读者、图书管理员

前提条件：读者、图书管理员

用例名称：图书注销

参与者：图书管理员

前提条件：图书管理员已登录

确定用例之间的关系：

在确定参与者和各个用例后，进一步确定各个用例之间的关系。可得出系统的整体用例结构。此结构可以分为三大部分：图书借阅管理、读者管理、系统管理。经过分析后得出图书管理系统用例图如图 4-17 所示。

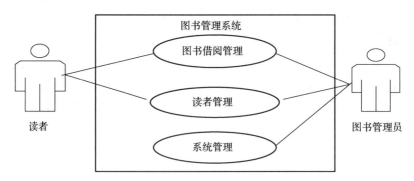

图 4-17　图书管理系统用例图

其中，图书借阅管理用例图如图 4-18 所示。

读者信息管理用例图如图 4-19 所示。

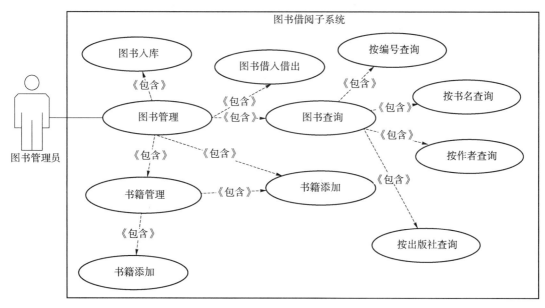

图 4-18　图书借阅管理用例图

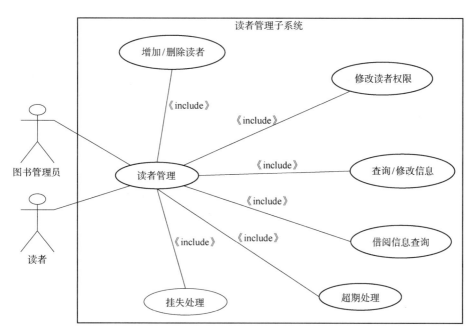

图 4-19　读者信息管理用例图

系统管理用例图如图 4-20 所示。

（2）系统静态模型分析过程：

仅以图书借阅管理子系统为例来分析系统对象模型的建立过程。首先结合图书借阅管理的专业知识，给出候选的对象和类主要有：读者、读者类别、图书管理员、图书、图书类别、出版社、借阅记录、图书注销记录等。然后定义类的属性、操作和类之间的关系。这里仅以读者类为例列出该类的属性和操作。

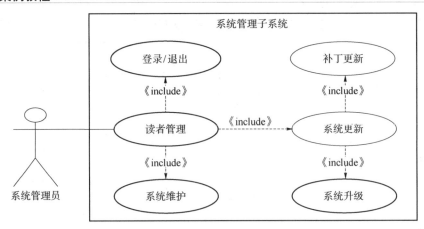

图 4-20   系统管理用例图

读者类属性包括：

读者编号（借书证号码和用户名与此同）：文本类型；读者姓名：文本类型；读者类别编号：文本类型；读者性别：文本类型；出生日期：时间/日期类型；读者状态：文本类型；办证日期：时间/日期类型；已借图书数量：数值类型；证件名称：文本类型；证件号码：文本类型；读者单位：文本类型；联系地址：文本类型；联系电话：文本类型；EMAIL：文本类型；用户密码：文本类型；办证操作员：文本类型；备注：文本类型；

读者类服务包括：

读者信息写入（）；读者信息读取（）；新增读者（）；删除读者（）；读者信息修改（）；读者信息查询（）；借阅数量统计（）。

其他类的属性和服务描述在此略，请大家自行分析。最终图书借阅子系统各个类之间的关系如图 4-21 所示，其中各个类的属性和服务在此略，可自行添加。

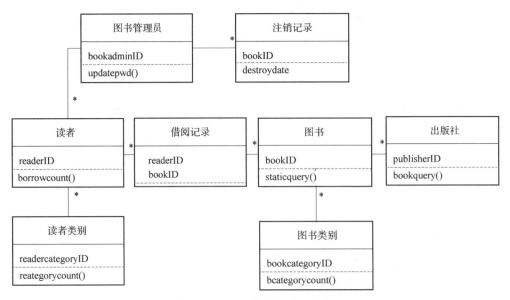

图 4-21   图书借阅子系统类图

（3）系统功能结构设计。

经过系统需求分析，图书借阅管理系统的整体功能结构可以分为：图书借阅管理、读者管理、系统管理三部分。图书借阅管理包括与图书相关的一些操作，如图书借还、预定、图书检索等。读者管理包括与读者有关的操作，如读者增删、信息修改、查询、超期和罚款等。系统管理包括登录、退出、注册、注销升级、维护等。图书借阅管理总体功能结构图如图 4-22 所示。

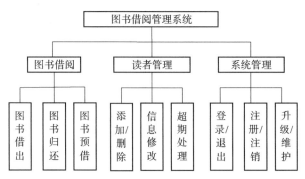

图 4-22　图书借阅管理功能结构图

（4）对象（类）的设计。

对象（类）的设计的主要任务：一是对类的属性和操作的实现细节进行设计；二是从人机交互、数据管理、任务管理和问题域等方面考虑，从系统实现的角度添加一些类，或优化类结构。

如上面读者类的属性联系电话有多个时，决定用一个链表或数组来存放，也可能需要增加属性和操作，如读者类中增加属性相片，操作增加打印过期通知书，而后设计每一个操作的算法。从数据管理方面，需要添加一个永久数据类作为需要永久保存数据类的父类，承担读写数据库的责任；从人机交互方面，需要添加一个对话框类（其父类是窗口类）来实现人机交互的功能。对象模型改进图可自行画出。

（5）建立动态模型。

动态模型包括顺序图和状态图。下面对图书管理系统的借书还书是两个操作的过程进行分析，得出其顺序图及状态图。

1）借书过程分析：读者刷卡查询图书信息，选择好图书后进入借书界面。管理员检查读者的借书证件，如果满足借阅要求，则将此书已借（并标志此书已借出，将此书的书目减1），并记录此读者的借阅信息：读者编号、图书编号、借阅日期、归还日期、超借天数、罚款数额等。

2）还书过程分析：在还书过程中，读者刷卡显示将被归还的图书的信息，图书管理员审核归还图书信息。如果正常归还，标志该图书为已还（同时将该类图书数量加1），如果超期或丢失，则进入赔偿界面。

经过以上借书还书过程分析，可得出借书过程的顺序图如图 4-23 所示。（其他顺序图同学们可自行设计）

借书过程的活动图如图 4-24 所示，图中详细描述了借书活动的活动过程。（其他活动图同学们可自行设计）

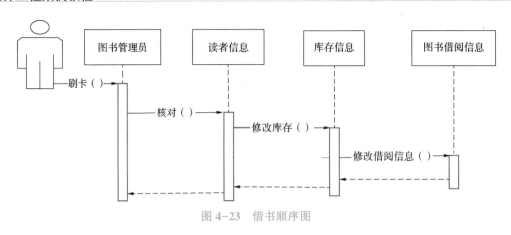

图 4-23　借书顺序图

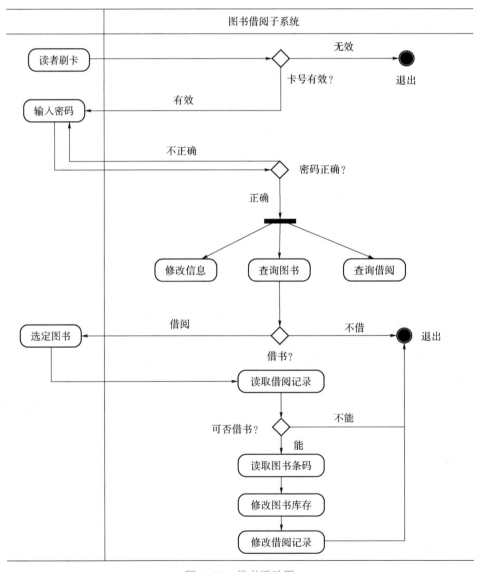

图 4-24　借书活动图

3）图书管理员状态分析：

与图书管理员相关的主要事件包括：图书借阅、图书归还、图书订购、读者增删、修改密码、超期罚款、图书增删、图书类别修改等。由此可得到图书管理员对象的状态图如图4-25所示，图中给出了借书、还书完成后的结束状态。其他环节如图书预留、增加、修改完成后，读者信息增删、修改完成后的结束状态与图书借阅归还状态相同，请大家自行画出。

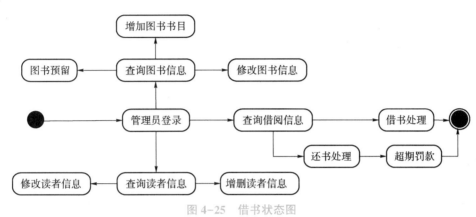

图4-25　借书状态图

同理，同学们可自行分析其他对象的状态变化。至此，图书借阅管理系统的面向对象分析与设计过程基本完成。

第5章　系统实现

本章主要内容

　　本章主要内容包括：软件编码语言、风格，软件测试目标、测试方法、测试过程、测试步骤、测试策略、测试用例、系统可靠性及其度量方法等。通过本章课程学习，能够初步应用面向对象概念理解用面向对象方法实现的不同软件，并能够初步应用面向对象等知识对不同面向对象程序设计语言、测试策略进行比较与综合。

本章学习目标

■ 了解编码风格、调试过程、面向对象测试策略、测试用例
■ 掌握软件测试目标、黑盒测试方法、白盒测试方法、测试过程
■ 掌握软件可用性、可靠性及其度量方法

5.1　结构化实现

系统实现包括编码和测试。

5.1.1　编码

1. 编码要考虑的问题

（1）选择适合软件系统的程序设计语言。从机器语言、汇编语言，到高级语言，程序设计语言越来越规范，也越来越多。因而，在软件编码阶段，需要程序员选择适合该系统的程序设计语言以提高软件开发效率、保证软件质量。

（2）选择先进的程序设计方法。程序的设计方法分为结构化程序设计方法和面向对象程序设计方法。结构化程序设计方法以顺序、选择、循环结构三大基本结构为基础，面向对象程序设计方法主要以类、对象为基础。

（3）保持良好的程序设计风格。在模块的实现环节，主要考虑的是数据结构、数据处理及数据输入输出，在具体实现时需要适当的加注释，以便为编写阅读程序提供便利。

（4）降低程序结构复杂性。在实现结构复杂的模块时，可能会有多种可选的实现方案，在选择方案时尽量选择较低程序结构复杂性的方案。

2. 编码要遵守的国际规范

（1）模块的程序结构应只准许一个入口和一个出口。

（2）应用命名一致的前缀来命名各个程序对象，以使对象容易识别。

（3）常量或变量名称命名保持一致约定，如：变量名＝变量所属模块＋变量类型＋变量名。

（4）保证对象名合理长度，如使用适当的缩略语，以使对象名不致过长。

5.1.2　软件测试

1. 软件测试目标

软件测试是通过人工或自动方法运行和测定某个软件系统，以发现软件程序中存在的错误的过程，并通过后继的软件调试工作，改正所发现的错误，最终向用户提交高质量的软件系统。一个好的软件测试是极有可能发现至今尚未发现的软件中存在的错误，而一个成功的软件测试是已经发现了至今尚未发现的软件中存在的错误。

2. 软件测试原则

（1）及早测试原则。根据历史数据统计，软件开发过程中约60%的错误来自软件设计之前，而且修改一个软件错误所需的费用随着软件生命周期的继续而呈几何级数上升。所以应及早进行软件测试，软件错误发现越早，改正的代价越小。

（2）独立测试原则。软件测试工作由独立于软件开发机构的第三方机构进行。因为程序员难以客观有效地测试自己的软件，而系统分析员找出那些因需求误解而产生的软件分析阶段的错误就更加困难了。

（3）在设计测试用例时，测试用例不仅应包含合法的输入条件，还应包含不合法的输入条件。

（4）统计结果表明，某段程序中已发现错误数目与该段程序存在的错误数目成正比，与软件中剩余错误数成反比。

（5）测试用例应可靠保存，作为后期继续测试的前提。

　3. 软件测试方法

软件测试方法主要有黑盒测试、白盒测试、灰盒测试、穷尽测试等。黑盒测试在模块外部对模块功能、性能等是否满足规定要求进行检查；白盒测试在模块内部检查程序中的各条路径是否能够按照要求正常执行；灰盒测试介于黑盒测试和白盒测试之间。穷尽测试较少使用。

（1）黑盒测试：黑盒测试不需要打开模块去查看模块内部的程序和数据，而是将被测模块看作一个密闭的黑盒，只在模块接口处进行测试。因此，黑盒测试不考虑模块内部程序和数据结构，只需根据需求规格说明书设计测试用例，检查程序的功能、性能等是否能够按照规格说明书里的要求正确运行。

（2）白盒测试：白盒测试需要将模块的"盖"揭开查看模块内部的程序和数据结构，并检查模块内部各个逻辑处理是否合理、程序的各条路径是否按照规格说明书要求正确运行，因此，白盒测试需要检查模块内的每一条程序路径能否正常运行。

（3）灰盒测试：灰盒测试关注输入输出的正确性（黑盒测试），也关注模块内部结构的正确性（白盒测试）。灰盒测试可以根据一些外部现象去判断模块内部程序运行情况。如果输出结果正确但是内部程序确出现错误，可以用灰盒测试。

　4. 软件测试过程

软件测试过程按先后次序包括单元测试（模块测试）、集成测试（子系统测试）、系统测试、验收测试。

（1）单元测试。

单元也称模块，主要包含的是程序和数据，是软件系统的最小功能单位。单元测试也称模块测试，是对软件模块能否正确运行进行检验。单元测试主要测试模块内部的程序处理逻辑、数据结构是否存在错误。单元测试需要依据软件详细设计结果进行。单元测试的主要任务包括以下几个方面：

需要先检查模块输入输出数据流是否正确，通过对模块接口进行测试来完成。

检查模块数据结构完整性、正确性，模块内部的数据结构是错误发生的根源之一，因此必须对模块内部数据的结构、内容、关联性进行测试以保证内部数据的完整性和正确性。

测试模块中的每一条独立执行的路径，因为模块内的每条程序语句都分布在各个程序路径上，因此需要测试模块中的每条路径以检验模块的正确性。

单元测试一般由程序员完成对所开发的模块进行测试，采用白盒测试方法。

（2）集成测试。

集成测试也称组装测试、子系统测试，是把经过测试的模块集成为子系统的测试过程。集成测试应当尽早开始，按层次进行，所有模块的公共接口都要测试。集成测试常用的方案有增量测试和非增式测试。

集成测试一般由独立的第三方测试机构完成，采用黑盒测试方法。

（3）系统测试。

系统测试把经过测试的子系统集成为系统的测试过程。系统测试需要考虑将计算机硬件、关联设备、其他支撑软件等元素作为一个整体进行测试，以验证整体的软件系统的功能、性能、移植性、兼容性、维护性等是否满足需求规格说明书的要求。

（4）验收测试。

验收测试是软件投入实际使用前，有用户参与进行的最后一次软件质量测试。验收测试主要是验证软件功能、性能等需求是否符合用户预期的各项要求，是软件开发成功与否的重要环节。验收测试主要配置复审、合法性检查、软件文档检查等内容。

上述各个软件测试环节结束后，软件测试小组需要撰写软件测试报告，包括测试计划、测试日志、文档检查、代码检查、系统测试、测试总结等方面的内容。

（5）系统调试。

系统测试的目的是为了发现软件中存在的错误，而系统调试是在软件测试的基础上找出错误位置和原因并改正，系统调试原则是谁的错误谁改正。

系统调试方法包括回溯法、归纳和演绎法、穷尽法。回溯法从错误出现处开始，人工回追程序控制流程，直到发现产生错误原因的语句。归纳和演绎法采用分治方法，先基于与错误有关的数据，列出所有可能出错原因，逐一测试逐一排除，直到发现产生错误原因的语句。

5. 白盒测试

白盒测试也称结构测试，是对模块内部程序处理逻辑和数据结构进行测试。白盒测试需要检查模块内部程序逻辑结构，需要对所有程序路径进行测试。根据所测试的程序路径比例即逻辑覆盖程度，白盒测试可分为语句覆盖、判定（断）覆盖、条件覆盖、路径覆盖等。

（1）语句覆盖。

语句覆盖法是设计若干测试用例，使被测模块中的每条可执行语句至少被执行一次。语句覆盖可以很直观地从源代码得到测试用例，但却是最弱的逻辑覆盖。如图 5-1 所示为某模块程序流程图，有三条可执行语句，即 $c = c/a$，$c = c+1$ 和 $c = b+c$。有四条可执行程序路径，即 12345，1345，1235，135。三条可执行语句可以分布到一条可执行程序路径，即 12345，为该模块设计的测试用例：$a = 2$，$b = 2$，$c = 2$（执行程序路径 12345），可执行模块内部的三条语句，能够达到语句覆盖测试要求。

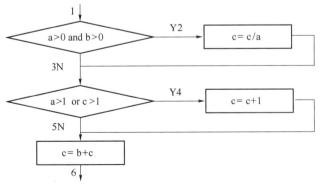

图 5-1　语句覆盖示例

（2）判定（断）覆盖。

判定（断）覆盖也称分支覆盖，设计若干测试用例，使被测模块中的每个判断的各分支至少被执行一次。针对图 5-1 的程序流程图，所设计的判断覆盖两组测试用例如下：

a＝2，b＝2，c＝2（执行程序路径为 12345，覆盖的是判断 1 的 Y 分支和判断 2 的 Y 分支）；

a＝-1，b＝-0，c＝1（执行程序路径为 135，覆盖的是判断 1 的 N 分支和判断 2 的 N 分支）。

这两组测试用例覆盖了每个判断的各自两个分支。还可设计另外判断覆盖两组测试用例：

a＝1，b＝1，c＝0（执行程序路径为 1235，覆盖的是判断 1 的 Y 分支和判断 2 的 N 分支）；

a＝1，b＝0，c＝2（执行程序路径为 1345，覆盖的是判断 1 的 N 分支和判断 2 的 Y 分支）。

这两组测试用例也覆盖了每个判断的各自两个分支。

判定覆盖具有比语句覆盖更强的测试能力。但其仅考虑每个判断的整体结果是真或假，只考虑了每个判断中的各个条件变量的某一种取值情况，而没有考虑每个判断中的各个条件的各种取值情况，因此其覆盖程度依然较弱，仍然是弱逻辑覆盖。

（3）条件覆盖。

设计若干测试用例，使被测模块中的每个判断中的每个条件变量的可能取值至少匹配一次。针对图 5-1 设计条件覆盖两组测试用例时，先做如下标记：

判断 1 中条件 a>0 取真记为 T_{A1}，取假记为 F_{A1}；

判断 1 中条件 b>0 取真记为 T_B，取假记为 F_B；

判断 2 中条件 a>1 取真记为 T_{A2}，取假记为 F_{A2}；

判断 2 中条件 c>1 取真记为 T_C，取假记为 F_C；

则如表 5-1 所示的两组测试用例满足条件覆盖要求。其中判断 1 中条件变量 a>0 与判断 2 中条件变量 a>1 的取值综合为：a>1 和 a<0 两种可能。

表 5-1　条件覆盖测试用例

条件覆盖测试用例	对应的覆盖条件	条件变量具体取值（取值不唯一）
a＝3，b＝1，c＝2	T_{A1}，T_{A2}，T_B，T_C	a>0，a>1，b>0，c>1
a＝-1，b＝-1，c＝1	F_{A1}，F_{A2}，F_B，F_C	a<0，a<1，b<0，c<=1

上述两组条件覆盖测试用例覆盖的执行程序路径分别为 12345 和 135，即覆盖了判定 1 和判定 2 的 Y 分支及判定 1 和判定 2 的 N 分支，也满足了判定覆盖，但是，条件覆盖不一定包含判定覆盖。例如，将上述条件覆盖两组测试用例中的条件变量 a＝3 与 a＝-1 交换一下所得到的新的两组测试用例满足条件覆盖要求，但不满足判定覆盖要求。具体的不满足判定覆盖的条件覆盖测试用例大家可自行设计、分析。条件覆盖的覆盖强度与判定覆盖基本相当，二者可联合使用以达到更强的逻辑覆盖。

（4）路径覆盖。

设计若干测试用例，使被测模块中的每条路径至少执行一次。同样是图 5.1 的程序流程图，其中包含的可执行路径有四条。因此，需要设计四组测试用例，分别执行每条可执行路径，才能达到路径覆盖测试要求。上面的判定覆盖中的四组测试用例可作为路径覆盖的测试用例。具体如下：

a=2，b=2，c=2（执行程序路径为12345，覆盖判断1Y分支和判断2Y分支）；

a=-1，b=-0，c=1（执行程序路径为135，覆盖判断1N分支和判断2N分支）；

a=1，b=1，c=0（执行程序路径为1235，覆盖判断1Y分支和判断2N分支）；

a=1，b=0，c=2（执行程序路径为1345，覆盖判断1N分支和判断2Y分支）。

路径覆盖测试了模块内程序流程图中的所有可执行路径，是最强的逻辑覆盖，但需要设计大量的测试用例，耗费较大的工作量。其他逻辑覆盖在此略。

6. 黑盒测试

黑盒测试也称功能测试，是根据需求规格说明书中的模块功能需求，不打开模块，而通过模块外部的接口，来测试模块功能是否正常运行。通常通过测试模块接收的输入数据和产生的输出结果等方面来检验模块是否达到预期要求。黑盒测试优点是不需要了解程序内部的代码及数据结构，缺点是检测模块内所有代码的可能性较低，且测试复用性较低。黑盒测试方法包括等价类划分、边界值分析、错误推测、因果图等，下面分别介绍。

（1）等价类划分。

等价类划分就是将输入输出划分成若干子集，即若干个有效类和若干个无效类。在每个有效类和若干无效类中选取若干个代表性的数据（即等价类），以取代该数据子集作为测试用例在模块上进行测试，这样就减少了模块测试的数据数量使之达到合理、可控、能够实施，并且能够覆盖可能的输入输出数据，进而能够发现更多的错误。

等价类分为有效类和无效类。有效类是指输入输出完全满足模块内程序规格说明的数据集合，有效类可以检验模块的功能和性能是否满足已定需求。无效类指不满足模块内程序规格说明的数据集合，无效类可以测试模块内程序对异常数据的处理能力。有效类划分通常是"以一带全"，无效类划分通常是"面面俱到"。

常用等价类划分规则有：

若规定输入数据取值范围或个数，则可确定一个有效类和两个无效类。例如：要求用户名的长度为6~20个字符，则6~20个字符是有效类，小于6个字符和大于20个字符是两个无效类。

若规定了输入数据的一组（n个）值（如枚举值），并且模块内的程序要对每个输入值分别处理，则可确定n个有效类和一个无效类。例如：VIP客户可分为三个等级：银卡VIP、金卡VIP、超级VIP，对每个VIP等级的客户优惠不同，则银卡VIP、金卡VIP、超级VIP是三个有效类，而非VIP客户则是一个无效类。

若规定了输入数据须遵守的规则，则可确定一个有效类和若干个无效类。例如：某登录密码要求首位必须是大写字母，则首字母大写时有效类，首字母小写的、首位数字的或其他字符的则为无效类。

若规定了输入数据值是布尔值，则可确定一个有效类和一个无效类。例如：用户注册时是否接受相关协议或条款，则"接受"是一个有效类，"不接受"则是一个无效类。

下面是等价类划分的一个具体例子。

设某管理信息系统要求客户输入报表日期，即年和月。假设报表处理从2022年1月至

2023 年 12 月有效。如不在此范围内，则提示相关错误信息。报表日期格式由 6 位数字组成，前 4 位代表年，后 2 位代表月。则可设计该报表日期输入数据的等价类划分，如表 5-2 所示。

表 5-2　报表日期等价类划分示例

输入	有效类	无效类
报表日期（D）	（1）6 位数字字符	（2）少于 6 位的数字 （3）多余 6 位的数字 （4）非数字（1 位至 6 位）
年份（Y）	（5）等于 2022 或 2023 年	（6）小于 2022（7）大于 2023
月份（M）	（8）在 01 到 12 月之间	（9）小于等于 01（10）大于 12

（2）边界值分析。

边界值分析就是在某输入、输出数据变量的边界上，检验系统功能是否能够正常运行。

边界值分析主要规则有：

若规定了输入（输出）数据的范围，则取其范围的边界值。例如：要求用户名的长度为 6~20 个字符，则取等于 6 个字符和等于 20 个字符的用户名作为有效类测试数据，取等于 5 个字符和等于 21 个字符的用户名作为无效类测试数据。

若规定了输入（输出）数据的值的个数，则取等于最大个数、等于最小个数的若干数据值作为有效类测试数据，取比最大个数多一个、比最小个数少一个的若干数据值作为无效类测试数据。

若规定了输入（输出）数据是有序表，则取有序表的第一个和最后一个元素作为有效类测试数据。

边界值分析不是从等价类中选取代表以减少测试数据量，而是要测试等价类的每个边界以期更易发现软件中存在的错误。

下面是边界值分析的一个具体例子。

设某管理信息系统要求客户在文本区输入评价信息，即允许输入 1~255 个字符。如不在此范围内，则提示相关错误信息。则可设计该评价信息输入数据的边界值分析，如表 5-3 所示。

表 5-3　边界值分析示例

输入	边界值	设计过程
字符	输入 1 个字符或输入 255 个字符	输入 1 个和 255 个作为有效类
数值	输入 0 个字符或输入 256 个字符	输入 0 个和 256 个作为无效类

（3）错误推测。

错误推测是基于主观经验来推测模块内程序中可能存在的错误，进而设计出针对性的测试用例。该方法能充分发挥测试者的主观能动性，通过测试小组的集思广益，也能很好地进行软件错误的推测，但是它与等价类划分、边界值分析方法不同，并不是一个系统性的测试方法，因而只能作为软件测试的辅助方法。

其他黑盒测试方法在此略。

7. 软件可靠性

（1）软件可靠性。

软件可靠性（Software Reliability）是衡量软件质量的一个重要指标，是指软件在规定的运行环境下和规定的时间内有效运行的概率。它是关于软件运行时间的函数，可用 $R(t)$ 来表示。通常用软件平均无故障时间（MTTF）来具体度量软件可靠性，软件平均无故障时间是指软件从开始运行到出现一个故障的期望时间，软件平均无故障时间与软件可靠性的关系为：

$$MTTF = \int_0^\infty R(t)\,\mathrm{d}t \tag{4.1}$$

（2）软件可用性。

与软件可靠性相关的是软件可用性，也可以用来衡量软件质量。软件可用性是指程序在给定的时间点，按照需求规格说明书的规定，成功地运行的概率。

可靠性指软件在 t1 到 t2 的时间间隔内有效运行，而软件可用性指在某一时刻 t 软件有效运行。因此，软件可用性指标要求比软件可靠性指标要求要宽松。

（3）平均无故障时间。

根据软件可靠性概念可知，如果软件平均无故障时间能够确定，则软件可靠性也可确定，而且平均无故障时间与程序中剩余错误数成反比。平均无故障时间计算公式为：

$$MTTF = \frac{I_T}{\mathrm{k}(E_T - E_C)} \tag{4.2}$$

上述公式中，I_T 表示待测程序指令总数，E_T 表示软件测试前程序中错误总数，E_c 表示在 0 到 t 的软件测试及调试时间期间内，所发现并改正的错误数，k 为待定常数，通常的默认值为 200。

（4）错误估算方法。

对软件中存在的错误总数，也可以进行估算，通常采用故障（错误）植入法和分别测试法。

错误植入法是早期的一种估算软件中包含错误总数的方法。其基本思想源于估算一个池塘中鱼的总数（软件中错误总数 N）的经典统计方法：先在池塘中撒一网，捕获鱼的数量为 M 条，做上标记（带标记的错误总数 M），并充分混入池塘中（错误植入），然后再撒一网捕获的鱼中应有带标记的和不带标记的，分别计算带标记的鱼的数目 M_1（植入的错误数），不带标记的鱼的数目 N_1（程序中原有的错误数），那么该池塘中鱼的总数（即软件中存在的错误总数）估算为：

$$N = \frac{M * N_1}{M_1} \tag{4.3}$$

错误植入法是由一组测试人员对软件进行错误估算，且人为因素对估算结果准确性有较大影响，因而准确度不高。而分别测试法是由两个测试小组分别对同一个软件进行错误总数估算，错误估算的准确性有了较大提高。分别测试法具体过程为：假设有甲和乙两个测试小组同时分别对某程序进行一段时间的测试，测试结束后，甲测试小组发现错误数为 $E_甲$，乙测试小组发现错误数为 $E_乙$，其中有 $E_{甲乙}$ 个错误是两测试小组共同发现的，则该程序中错误总数为：

$$E = \frac{E_甲 * E_乙}{E_{甲乙}} \tag{4.4}$$

分别测试法估算错误总数的准确度比错误植入法有较大提高，但测试成本也高了。

5.2　面向对象实现

对象是人们对客观世界事物的直接描述，符合人们的思维方式。对象不仅包括成员数据，还包括成员方法，对象间通过发送消息来完成通讯联系。相对于结构化软件开发方法的结构化分析、结构化设计、结构化编程各阶段之间的阶段性、次序性、依赖性，面向对象开发方法中的面向对象分析、面向对象设计和面向对象实现各阶段间是迭代的、重叠的。用面向对象开发方法开发的软件稳定性高、重用性高。面向对象实现的主要任务是把面向对象设计的结果用某种面向对象程序设计语言进行编码，然后对其进行测试和调试。

5.2.1　面向对象编程

面向对象程序设计语言支持类与对象的概念，实现了整体部分（即聚集）、一般特殊（即泛化）、封装、类库、持久化等机制。因而用面向对象程序设计语言开发的软件系统具有一致的表示方法、可重用性高、开发效率高、可维护性好的优点。

当前支持面向对象的主流程序设计语言主要有：Java，Python，C++，PHP，JavaScript，SQL，Swift，Go 等。但在软件系统开发选择面向对象程序设计语言时，应该选择适合待开发软件系统的面向对象程序设计语言。

5.2.2　面向对象测试

1. 与结构化软件测试区别

无论是面向对象测试还是传统软件测试，都是软件开发过程中非常重要的必不可少的一环，其目标都是以最小的测试工作量发现软件中更多的错误。两种测试的过程也是一致的：均包含单元测试、集成测试、系统测试、验收测试。结构化软件测试采用功能驱动方法来测试软件分析、设计和编码的结果，而面向对象测试已经从功能驱动转向了类驱动，测试范围也包括了面向对象分析模型和面向对象设计模型。

2. 面向对象测试原则

与传统的软件测试原则一致，面向对象软件测试也应该尽早进行，也应该由独立的第三方软件测试机构完成，也应该关注合法、非法、异常数据，也应该对测试错误结果进行确认，也应该制定严格的测试计划，也应该可靠留存测试文档。

3. 类层次结构测试次序

因为面向对象的类间具有的继承关系、聚集关系等，由此形成了类的层次结构，所以对类的层次结构进行面向对象测试时需要按照一定的次序进行。

（1）如果类间存在继承关系，则先测试父类再测试各个子类。在测试完父类（可看作是各个子类的共有部分）后，测试各个子类时，可重点测试各个子类的独有部分和子类与父类间的交互部分。

（2）如果类间存在聚集关系，则先测试部分类再测试整体类。在部分类测试完后，对整体类可重点测试其与各个部分类的组装。

4. 面向对象测试过程

（1）单元测试。

采用面向对象测试方法测试软件时，由于面向对象的类封装了数据和操作，因此面向对象的单元不再是传统的单元的概念（主要包含实现单元功能的代码）及测试方法，而是指某个操作、类或包含多个类的模块、甚至整个软件架构。同样地，面向对象的单元测试也不再单一地测试某个操作（模块），而是将操作作为类的一部分，对整个类进行测试。面向对象单元测试不仅要对单元的代码和结构进行测试，也要对特定输入输出进行测试，对类中成员函数及成员函数间的交互进行测试。

（2）集成测试。

传统的集成测试包含自顶向下集成测试（增量方式）和自底向上集成测试。自顶向下集成测试从主控模块开始，按照软件的控制结构，以深度或广度优先策略，逐步把所有模块集成在一起。自底向上集成测试从软件结构最低层模块开始逐层组装测试。

面向对象的集成测试主要对系统内部的类间服务进行测试，如类间的消息传递等。由于面向对象软件模型没有传统的软件功能层次结构，因此不能按传统的软件集成测试方法进行测试。面向对象软件集成测试有两种不同方法：一是线程测试，线程可对应系统的一个输入或一组类，每个线程被集成并被分别测试；二是使用测试，基于测试不常使用服务器的独立类开始构造系统，在测试完独立类后，继续测试使用独立类的类直到集成测试完成。

（3）系统测试。

系统测试是面向对象测试的最后阶段，主要以是否满足用户需求作为测试依据。

软件系统虽然通过单元测试和集成测试，但还不能保证软件在实际运行过程中是否满足用户需求。因此，需要对已开发的软件系统进行系统测试。系统测试需要在与用户实际使用环境相同的平台上进行，以保证被测系统的实效性。系统测试仍由第三方测试机构独立完成。

5.3　本章题解

1. 基本认知能力训练

填空类：

（1）可以在一个类中定义多个同名函数，但可以有不同参数，这种技术称为面向对象的（重载）。

（2）类的成员变量可以通过（this）关键字在类的成员函数中引用。

（3）软件测试的目的是（发现软件中存在的错误）。

（4）类包含了属性和函数说明类具有（封装性）。

（5）在模块内的程序中发现错误数量越多，则在程序中剩余的错误数量（越少）。

（6）软件项目在进入需求分析阶段，就应该开始进行（软件测试）了。

（7）（软件测试）是软件开发的最后一个阶段，也是提升软件质量的重要阶段。

（8）软件测试按照测试过程分类为（黑盒测试）和（白盒测试）方法。

（9）对软件进行白盒测试时，通常情况下软件开发人员也要（参与）测试。

（10）（黑盒）测试是第三方测试机构根据模块外部特征对模块进行测试，而（白盒）测试通常是软件开发人员根据模块内部逻辑结构对模块进行测试。

判断类：

（1）（N）模块通过了白盒测试，就不需要进行黑盒测试了。

（2）（N）对于同一个测试对象，等价类测试用例数多于错误推测测试用例数。

（3）（Y）如规定了输入数据取值范围，则可定义一个有效类和两个无效类。

（4）（N）边界值分析是系统性测试方法。

（5）（Y）在设计模块的测试用例时，应包括合法的输入数据和非法的输入数据。

（6）（Y）语句覆盖不是最弱的逻辑覆盖。

（7）（Y）判定覆盖不一定包含条件覆盖，条件覆盖也不一定包含判定覆盖。

（8）（Y）判定/条件覆盖能同时满足判定、条件两种覆盖标准。

（9）（Y）详细设计的是为软件的每个模块设计实现算法和数据结构，并用某种表达工具进行描述。

（10）（Y）单元测试采用白盒测试，大约能发现80%的软件错误。

（11）（Y）单元测试又称为模块测试，是针对软件测试的最小单位模块进行正确性测试。单元测试需要根据模块内部结构设计测试用例。

（12）（Y）自底向上集成测试需要为所测模块或子系统设计驱动模块，自顶向下集成测试需要为所测模块或子系统设计桩模块。

（13）（Y）系统测试是在真实（或模拟）系统运行环境下，检查软件系统与相关硬件、支持平台等能否正确连接，并满足用户需求。

（14）（N）软件系统的验收测试是由用户来实施完成的。

选择类：

（1）（C）不是面向对象的编程特征。

A. 封装　　　　　　B. 继承　　　　　　C. 抽象　　　　　　D. 多态

（2）（D）不属于面向对象。

A. 对象　　　　　　B. 继承、多态　　　C. 类、封装　　　　D. 过程调用

（3）（A）可以准确描述对象的概念。

A. 对象是类的具体实例　　　　　　　B. 对象是抽象的，是通过类来生成

C. 对象是方法的集合　　　　　　　　D. 对象是一组具有共同行为的类

（4）（D）项有关变量及其作用域的描述是不正确的。

A. 在方法里定义的局部变量在方法结束的时候被释放

B. 局部变量只在定义它的方法内是有效的

C. 在方法外定义的变量在创建对象时创建

D. 在方法内定义的参数变量一直存在

（5）（B）是不合法的方法声明。

A. float ply（）｛return −10；｝　　　　B. void ply（d，e）｛｝

C. int ply（int d）｛return 3；｝　　　　D. int ply（int r）｛return −1；｝

（6）（A）方法不能与 public void ind（int a）｛｝方法实现重载。

A. public int ind（int a）｛｝　　　　　B. public void ind（double b）｛｝

C. public void ind（int a，int b）｛｝　　D. public void ind（float c）｛｝

（7）（B）插入类 Myst 中作为方法是错误的。类 Myst 定义：public class Myst｛float app（float a，float b）｛｝｝。

A. float app（float a，float b，float c）｛｝　　B. float app（float e，float f）｛｝

C. int app（int a，int b）｛｝　　　　　　　　D. float app（int a，int b，int c）｛｝

（8）（A）可以区分重载中方法名称相同的不同方法。

A. 不同参数数量　　　　　　　　　　B. 不同参数名

C. 不同返回值类型　　　　　　　　　D. 不同对象名作前缀

（9）（D）项关于构造函数描述是正确的。

A. 类必须定义构造函数　　　　　　　B. 构造函数必须有返回值

C. 构造函数只能有一个　　　　　　　D. 构造函数能对类成员变量进行初始化

（10）声明对象 a 的语句（B）是正确的，假设类 A 已定义。

A. A a = A（）；　　　　　　　　　　B. A a = new A（）；

C. public A a = new A（）；　　　　　D. a A；

（11）类 Myst 为：public class Myst｛Myst（int i）｛｝｝，（B）是创建该类 m 对象的正确语句。

A. Myst m = new Myst（−5）；　　　　B. Myst m = new Myst（5.0）；

C. Myst m = new Myst（"5"）；　　　　D. Myst m = new Myst（3.3）；

（12）下面 Java 代码运行时会（A）。

```
class Squ {int a;void Squ() { a = 10;}
    public static void main(String[] arg) {
        Squ m = new Squ();
        System. out. println(m. a);}}
```

A. 输出 0　　　　　B. 编译错误　　　　　C. 输出 10　　　　　D. 运行错误

（13）下面 Java 代码运行结果是（A）。

```
class Myst {int i = 2;String s = null;void Myst () { i = 3;s = "days";}
    public static void main(String[] arg) {
        Myst m = new Myst ();
        System. out. println(m. i +""+ m. s);}}
```

A. 2 null　　　　　　B. 3 null　　　　　C. 3 days　　　　　D. 2 days

2. 综合理解能力训练

（1）如何理解面向对象的封装与继承？

答：面向对象就是把客观世界事物的特性和操作定义到一个类里，这就是面向对象的封装，是面相对象的基本特征之一。继承是面向对象的另一基本特征，也就是子类可以复用父类的属性和方法等资源，而不必在子类里重新定义。而对于子类里用到的独有的属性和方法，可以在子类里重新定义。

（2）软件测试及其目的和原则是什么？

答：1）软件测试是为了发现软件中存在的错误而执行程序的过程。软件测试是根据软件规格说明和模块内部程序结构而设计的测试用例，利用软件测试工具去运行程序，可以发现软件中存在的错误，最终达到对软件功能和性能的测试。

2）软件测试的最终目的是发现软件中存在的错误，并且是以最少的时间和人力物力资源发现软件中潜在的各种错误。一个好的软件测试是极有可能发现至今尚未发现的软件中存在的错误的，而一个成功的软件测试是已经发现了至今尚未发现的软件中存在的错误。

3）软件测试的原则主要包括：尽早地开始软件测试；所有的软件测试都能够追回到系统需求；穷尽测试不可能完成；软件测试应由独立的第三方测试机构完成；软件测试用例应包含合法的与不合法的测试数据；软件中已发现错误数与软件中存在的错误数成正比，与软件中剩余的错误数成反比。

（3）产生软件错误的因素有哪些？

答：1）系统分析员与客户沟通不充分或因自身水平低导致软件需求说明书不全面、不完整甚至不准确且经常变更。

2）系统设计员与系统分析员沟通不充分或因自身水平低导致软件设计说明书存在缺陷。

3）系统程序员与系统设计员沟通不充分导致不能很好地理解软件设计说明书，最终使开发的软件存在错误和缺陷。

（4）软件测试有何意义？

答：通过软件测试可以完成对软件产品的质量评估，为软件产品的发布、部署、鉴定等提供信息；通过软件测试能够尽早发现软件中存在的错误并尽早改正和总结，可以避免再犯同样的错误，不断提升软件产品质量，并降低软件开发成本，提高用户满意度。

（5）软件测试用例是什么？

答：软件测试用例就是软件测试人员设计的用来对被测试软件进行测试时要使用的一组数据。测试用例应包括预期结果数据和软件模块实际运行结果数据。

（6）软件测试主要完成哪些工作？分哪几个阶段？各阶段具体任务是什么？

答：1）软件测试主要工作包括设计软件测试用例、执行软件测试用例、比较软件测试结果。软件测试用例的设计主要是根据软件开发需求规格和模块序内程序结构，采用相关软件测试技术来进行。设计完软件测试用例后，利用这些软件测试用例去执行程序，得到测试结果。最后将预期的结果与实际测试结果进行比较，如不符合，则改正出现的错误后再进行测试，直到符合为止。

2）软件测试可分为单元测试、集成测试、系统测试和验收测试4个阶段。

3）各阶段任务具体为：

单元（模块）测试：对每个模块进行测试，以确保其正常运行，主要采用白盒测试方法，一般在模块编写中完成测试。

集成（子系统）测试：对已测试过的模块集成为子系统时进行的测试，主要采用黑盒测试方法，一般由独立的第三方测试机构进行测试。

系统测试：对整个软件系统进行测试以检验其能否与系统其他部分如硬件部分、网络通信部分等协同运行、正常工作，一般由独立的第三方测试机构进行测试。

验收测试：是在用户参与下，在软件系统实际运行环境下对软件产品进行测试，以检验其是否满足需求规格说明书的各项指标。

（7）优秀软件测试工程师应具备哪些素养？

答：优秀测试工程师应该具备责任心、沟通能力、团队精神、自信心、耐心、怀疑精神、洞察力、幽默感等基本素养，同时应具备计算机专业技能、测试专业技能、软件编程技能等专业素养。

（8）什么是黑盒测试？

答：黑盒测试又称为功能测试。它将被测模块当作一个黑盒，也就是说不考虑模块内部程序结构、数据结构等内部信息，只需在模块接口通过模块输入数据、输出数据和模块功能（需求规格说明书），来检测模块是否能正常工作，即是否完成了应该完成的功能。

（9）请具体说明有哪些黑盒测试方法？

答：黑盒测试方法主要有等价类划分、边界值分析、错误推测、因果图等方法。

1）等价类划分是把模块的输入数据划分为若干子集，然后从每个子集中选取"代表"作为测试数据。有效类的划分选取原则是"以一带全"，无效类的划分选取原则是"面面俱到"。

2）边界值分析主要根据输入数据的范围来选取略小于最小值、等于最小值、略大于最小值、输入值域内的任意值、略小于最大值、等于最大值、略大于最大值作为测试数据。

3）错误推测主要是根据软件测试者的经验推测软件中可能存在的错误，从而设计测试数据。错误推测不是系统性的软件测试方法，没有什么规律和技巧可循。

4）因果图法就是根据软件规格说明书中某模块的输入条件（因）和输出结果（果）间的制约关系设计出因果图，并将其转换为决策表，然后为决策表中的每一列设计一个测试数据。

（10）请说明等价类及其划分方法。

答：1）把模块的输入数据化分为若干子集，然后从每个子集中选取代表数据作为的测试数据即为等价类。等价类分为有效类和无效类。

2）等价类划分方法主要有：若规定输入数据取值范围或个数，则可确定一个有效类和两个无效类；若规定了输入数据的一组（n个）值（如枚举值），并且模块内的程序要对每个输入值分别处理，则可确定n个有效类和一个无效类；若规定了输入数据须遵守的规则，则可确定一个有效类和若干个无效类；若规定了输入数据值是布尔值，则可确定一个有效类和一个无效类。

（11）请简述白盒测试及其主要采用的测试技术。

答：1）白盒测试又称为结构测试。它是对模块内部的可执行路径进行测试以检测某路径是否能够正常运行。

2）白盒测试技术主要包括：逻辑覆盖、基路径测试、数据流测试等，其中常用的是逻辑覆盖。

（12）请简述逻辑覆盖有哪几种测试方法。

答：逻辑覆盖包含：语句覆盖、判定（断）覆盖、条件覆盖及路径覆盖等。

1）语句覆盖：语句覆盖法是设计若干测试用例，使被测模块中每条可执行语句至少被执行一次。语句覆盖可以很直观地从源代码得到测试用例，但却是最弱的逻辑覆盖。

2）判定（断）覆盖：判定（断）覆盖也称分支覆盖，设计若干测试用例，使被测模块中的每个判断的各分支至少被执行一次。

3）条件覆盖：设计若干测试用例，使得模块内程序中每个判断的每个条件各个可能的取值至少被匹配一次。

4）路径覆盖：设计若干测试用例，使被测模块中的每条路径至少执行一次。

（13）单元测试的基本任务有哪些？

答：单元测试任务主要有：静态检查（用工具或者人工完成）；动态检查（用工具或者人工完成）；测试用例执行（用工具或人工完成）；设计测试用例及数据；编写运行测试用例并记录测试结果。

（14）自顶向下测试和自底向上测试有何区别。

答：自顶向下测试是从系统到子系统，从子系统到模块的增量测试过程。自底向上测试是从模块到子系统，从子系统到系统的增量测试过程。自顶向下测试需要设计桩模块，自底向上测试需要设计驱动模块。

（15）黑盒测试与白盒测试有何区别。

答：黑盒测试把测试模块看作一个黑盒子，在模块的接口处进行，不考虑模块内部逻辑结构，只需检测模块的功能是否符合需求规格说明书中的约定。

白盒测试把测试模块看作一个已经打开的盒子，需要明确模块内部的逻辑结构，需要对模块内程序的逻辑路径进行测试以检测每条可执行路径是否能够正常运行。

（16）单元测试、集成测试、系统测试、验收测试各自任务是什么？

答：1）单元测试也称模块测试，是常由程序员完成的白盒测试，主要检验被测模块的功能是否能够与需求规格说明书里的保持一致。

2）集成测试也称子系统测试，是由独立第三方测试机构完成的测试，常采用黑盒测试方法。主要检测各个模块集成为子系统时是否与需求规格说明书里的保持一致。

3）系统测试是由独立第三方测试机构完成的测试，常采用黑盒测试方法。主要检验系统功能、性能等指标是否与需求规格说明书里的保持一致。

4）验收测试是在用户参与下，在软件实际运行环境下，验证软件功能、性能等是否符合用户预期的各项要求。

（17）面向对象程序设计语言（如 Java）中的 int 和 Integer 有什么区别？

答：Integer 是类而 int 是数据类型，因此 Integer 必须实例化（new）后才能使用其实例变量，而 int 不需要实例化；Integer 对象的默认值是 null；int 数据类型的默认值是 0；Integer 实例变量比较时不能用"＝"完成而需要用 equal（）函数完成，而 int 变量比较时用"＝"可以完成。

（18）接口和抽象类有何区别？

答：接口中只能声明抽象方法，只能声明静态常量，没有构造方法，子类可通过关键字 implements（实现）来实现接口；抽象类中能声明抽象方法，也能声明非抽象方法，可以有构造方法，可声明普通变量，可以被子类通过 extends 来实现单继承，但无法实现多继承。

3. 逻辑分析能力训练

编码类：

（1）定义立方体类 Cub，具有边长和颜色两个属性，具有设置颜色和计算体积两个成员函数，构造函数为属性边长赋值。在测试类主方法中创建一个立方体对象，将该对象的边长设置为 8.0，颜色设置 "blue"，并输出该立方体的体积和颜色。

解：

```
    public class Cub{
        double length;
        String color;
        Cub(double length){this. length=length;}
        public static double volumn{return this. length* this. length* this. length;}
        public static void setColor(String color){this. color=color;}
    }
public class Myst {
    public static void main(String[] args) {
        Cub c1=new Cub(8. 0);
        C1. setColor("blue");
        System. out. println("立方体的体积为："+c1. volumn());
        System. out. println("立方体的颜色为："+c1. color);
    }
}
```

（2）学生类 Student 有一个构造方法对属性 sex；int age 进行初始化，一个 out 方法输出学生属性信息。请定义测试类，创建 Student 类的对象，测试其功能。

解：

```
public class Student {
String name;String sex;int age;
public Student(String name,String sex,int age) {
this. name = name;this. sex = sex;this. age = age;}
public void out(){
    System. out. println("学生的姓名为："+this. name+"性别为："+this. sex+"年龄为："+this. age);}
}
public class Myst {
    public static void main(String[] args) {
    Student st=new Student("张平","女",22);
    st. out();
}
}
```

（3）定义汽车类（car），具有车牌号（carnum）、车速（carspeed）和载重（carweight）属性；具有提速（speedup）、降速（speeddown）函数；具有一个无参构造方法，设置车牌号为 "辽 G12345"，速度为 100 km/h，载重为 500 kg；具有一个带参构造方法为各个属性赋值。在测试类中创建两个汽车对象，第一个用无参构造函数，且提速10 km/h。第二个用有参构造函数，车牌号为 "辽 G55555"，车速为 80km/h，载重量为 1 000 kg，并降速 20 km/h。输出两汽车相关信息。

解：

```
public class Car {
    String carnum;doublecarspeed;double carweight;
    Car(){this. carnum="辽 G12345";this. carspeed=100;this. carweight=20;}
    Car(String carnum,double carspeed,double carweight) {
        This. carnum=carname;this. carspeed=carspeed;this. carweight=carweight;}
    public void speedup(int speed) { this. carspeed+=speed;}
    public void speeddown(int speed){ this. carspeed-=speed;}
}
    public class Myst{
        public static void main(String[] args) {
            Car c1=new Car();
            c1. speedup(10);
            Car c2= new Car("辽 G55555",80,1000);
            c2. speeddown(20);
            System. out. println(c1. carnum + "速度为:" +c1. carspeed + ",载重为:" +c1. carweight);
            System. out. println(c2. carnum + "速度为:" +c2. carspeed + ",载重为:" +c2. carweight);}
```

测试用例类：

（1）某市电话号码由两部分组成。第一部分为区号：三位或四位数字；第二部分为电话号码：七位或八位数字。请完成等价类划分并结合边界值分析设计测试用例。

解：1）划分等价类如表 5-4 所示：

表 5-4　划分等价类

输入等价类	有效等价类	无效等价类
区号	三位数字（1） 四位数字（2）	有非数字字符（3） 少于三位数字（4） 多于四位数字（5）
电话号码	七位数字（6） 八位数字（7）	有非数字字符（8） 少于七位数字（9） 多于八位数字（10）

2）设计测试用例如表 5-5 所示：

表 5-5　测试用例

测试数据	覆盖的等价类
021-12345678	（1）（7）
0416-1234567	（2）（6）
01a-1234567	（3）
01-12345678	（4）

测试数据	覆盖的等价类
04116-1234567	（5）
010-1234567a	（8）
0416-123456	（9）
021-123456789	（10）

（2） 下面程序中，满足语句覆盖标准的测试用例是（D）。

```
if (income < 800) rate = 0
   else if (income <= 1500)rate = 0. 05
                else if (income < 2000)rate = 0. 08
                       else rate = 0. 1
```

A. income =（800，1500，2000，2001）

B. income =（800，801，1999，2000）

C. income =（799，1499，2000，2001）

D. income =（799，1500，1999，2000）

（3） 下面伪码为输入三个整数后，输出最大数。

```
int max() {
    int a,b,c,max,min;
    echo("input three number: ");
    input(a,b,c);
    if(a>b){if(a>c) {max=a;}
            else{max=c;}
    if(b<c){max=c;}
            else{ max=b;}}
    returnmax;}
```

1） 请画出其程序流程图及程序流图。

2） 计算其程序复杂度。

3） 用判定覆盖方法测试该程序，设计测试用例，使其能对该程序中的每个判断语句的各种分支情况全部进行过测试。

4） 两组输入数据 a=3，b=5，c=7；和 a=4，b=6，c=5，是否能实现该程序的分支覆盖？如果能，请说明理由。如果不能，请再增设一组输入数据，使其能实现分支覆盖。

解：1） 上述伪码对应的程序流程图及程序流图如图 5-2 所示。

2） 计算程序复杂度方法一：利用程序流图中的闭区域数（d）来计算环形复杂度 $v(G) = d+1$；该程序流程图对应的程序流图中共有三个闭区域，所以它的环形复杂度为 $v(G) = 3+1=4$。

方法二：利用程序流图中的弧数（e）和顶点数（n）来计算环形复杂度 $v(G) = e-n+2$，该程序流程图对应的程序流图中的弧数（e）共有 11 条，该程序流程图对应的程序流图中结点数（n）共有 9 个，所以它的环形复杂度为 $v(G) = 11-9+2=4$。

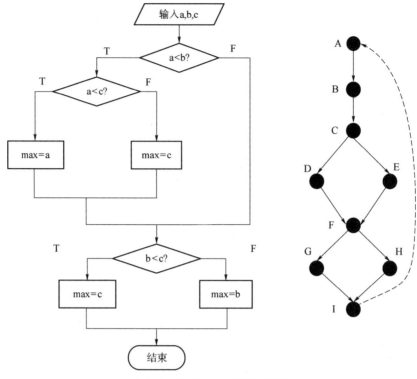

图 5-2　程序流程图及程序流图

3）利用判定覆盖方法设计测试用例如表 5-6 所示。T_1，T_2，T_3 分别为三个判定的 true 分支；F_1，F_2，F_3 分别为三个判定的 false 分支。

表 5-6　测试用例

判定覆盖测试用例	覆盖条件	覆盖路径
a=1, b=2, c=3	T_1, T_2, T_3	ABCDFGI
a=1, b=2, c=1	T_1, F_2, F_3	ABCEFHI
a=3, b=-2, c=1	F_1, F_3	ABFHI

4）另给三组输入数据 a=3，b=5，c=7，a=4，b=6，c=5 和 a=4，b=5，c=2，不能实现该程序的判定覆盖，因该三组测试数据仅覆盖了两条路径 ABCDFGI 和 ABCEFHI，并没有覆盖路径 ABFHI，不满足判定覆盖要求。若再增设一组数据 a=9，b=8，c=7，能够覆盖路径 ABFHI，因而与前面测试数据一起能够实现判定覆盖。

计算类：

（1）对一个包含 20 000 条指令的程序进行一周测试，发现并改正了 25 个错误，此时平均无故障时间达到 15 小时，再经一周测试，两周发现并改正了 45 个错误，此时平均无故障时间达到 25 小时。若平均无故障时间与测试时间 t 存在如下函数关系：$MTTF = a + bt$，其中 a 与 b 为待定常量。

1）求此函数关系表达式。

2）如果要使平均无故障时达到 50 小时，还需多长时间测试？还需改正多少个错误？程序中还潜在多少个错误？

解：1）由题可得，当 t=1 时，$MTTF=10$；t=2 时，$MTTF=15$，可列方程：

$\begin{cases} a+b=10 \\ a+2b=15 \end{cases}$，解得 a=5，b=10，则此函数表达式为：$MTTF=5+10t$。

2）当平均无故障时达到 60 小时，则有 60=5+10t，解得 t=5.5，即需要进行 5.5 周测试。由公式 $MTTF=\dfrac{I_T}{K(E_T-E_C(\tau))}$ 可列方程组：

$\begin{cases} 15=\dfrac{20\,000}{K(E_T-25)} \\ 25=\dfrac{20\,000}{K(E_T-45)} \end{cases}$，解得 $E_T=75$，$K=80/3$。要使平均无故障时达到 60 小时，可得 50 =

$\dfrac{20\,000}{80/3(75-E_C)}$，解得 $E_C=60$，即总共需要改正 60 个错误，还需改正 15 个错误，程序中还潜在 75-60=15 个错误。

（2）在测试一个有 48 000 条指令的程序，由甲乙两测试组分别独立测试一周后，甲组发现并改正了 40 个错误，平均无故障时间达到 10 小时；乙组发现 36 个错误，其中 12 个甲也发现了。以后由甲组继续进行测试。

1）程序中错误总数是多少？

2）为使平均无故障时间达到 30 小时，还须改正多少个错误？

解：1）由分别测试法得，刚开始测试时程序中潜藏的错误总数为：

$$E_T=\frac{40\times36}{12}=120$$

2）由公式 $MTTF=\dfrac{I_T}{K(E_T-E_C)}$ 可得：

$10=\dfrac{48\,000}{K(E_T-E_C)}=\dfrac{48\,000}{K(120-40)}$，解得 $K=60$。

由平均无故障时间达到 30 小时可得 $30=\dfrac{48\,000}{60（120-E_C）}$，解得 $E_C=90$，即要使平均无故障时间达到 30 小时，总共需要改正 90 个错误，还须改正 90-40=50 个错误。

管　理　篇

第6章 软件维护

本章主要内容包括：软件维护定义、分类，软件维护过程，软件可维护性概念、影响因素。具体包括软件维护定义，改正性维护、适应性维护、完善性维护、预防性维护，软件维护过程，软件可维护性概念、影响软件可维护性因素、提高可维护性的方法。通过本章课程学习，能够初步理解软件维护相关概念，并能够初步应用软件维护相关知识对不同软件的维护策略进行比较与综合。

本章学习目标

- 了解软件维护概念，软件维护的分类，软件维护的特点
- 掌握软件维护过程
- 掌握软件可维护性概念、影响可维护性因素

6.1 软件维护概念

1. 软件维护的定义

软件维护是指在软件产品交付使用后，为了修正错误或满足新的需要而进行的软件修改。

2. 软件维护的分类

（1）改正性维护。

改正性维护是指为了识别和纠正软件错误、改正软件性能上的缺陷、排除实施中的错误而进行的诊断和改正错误的过程。

（2）适应性维护。

适应性维护是指为使软件适应信息技术变化和需求变化而进行的修改。

（3）完善性维护。

完善性维护是指为了对已有软件系统增加部分在系统分析和设计阶段中没有规定的功能与性能特征而进行的修改，主要目的在于扩充软件功能和改善软件性能。

（4）预防性维护。

预防性维护是指为了改进软件的可靠性和可维护性、适应未来的软硬件环境变化，而主动增加的预防性的新功能，以使应用系统能够适应各种变化而不被淘汰。

软件维护不仅是纠正使用的错误等活动，更多的是完善性维护。据统计，完善性占全部软件维护的 50%～66%，改正性占维护的 17%～21%，适应性占 18%～25%，其他，占 4% 左右。

3. 软件维护的特点

（1）软件维护的代价高。

在近半个世纪的软件开发过程中，软件维护费用在总费用中的比重不断增加。1970 年用于维护已有软件的费用只占软件总预算的 35%～40%，1980 年上升为 40%～60%，1990 年上升为 70%～80%。经验表明，软件维护过程中若软件开发程序复杂性程度大，维护人员对软件不熟悉，那么维护工作量将成倍增加。

（2）软件维护的困难大。

软件维护的困难表现在：读懂别人的程序是非常困难的；需要维护的软件往往没有合格的文档；软件开发和维护在人员、时间、开发工具、方法、技术上存在差异；绝大多数软件在设计时没有考虑将来的修改；软件维护不是一件吸引人的工作，维护工作经常遭受挫折。

（3）结构化维护与非结构化维护差别大。

如果软件配置的唯一成分是程序代码而无文档，其维护工作将是非常难的，这是一种非结构化的维护。若软件开发各阶段都有相应的文档，则其维护工作相对容易，这是一种结构化的维护。

6.2　软件维护过程

软件维护通常是建立一个机构或小组，对每一个维护请求及其维护过程进行评价。评价内容主要有维护所需工作量、维护性质、维护优先次序以及维护后的结果。

1. 软件维护形式

（1）按期巡检。

按期巡检是指按一定的周期到现场对系统进行全面检查，同时做好各类系统运行情况的记录，并及时处理遇到的相关问题。

（2）现场技术服务。

当应用软件系统出现重大故障导致业务中止时，派技术人员现场协助甲方技术、业务人员一起对故障进行分析，提出解决方案，在征得甲方同意后对故障进行处理和排除。

（3）远程维护。

当系统出现故障时，通过电话、电子邮件、远程访问或视频会议等方式进行系统故障的诊断及处理、技术支持、咨询服务。

2. 软件维护流程

（1）甲方因为各种原因，提出维护申请。

（2）提出申请部门负责人需要对变更情况进行核实，并确认。

（3）软件开发方的维护工程师接收到确认的维护请求后分析并提出修改方案。

（4）技术部门负责人对方案进行审核，确保方案的安全性和正确性。

（5）如需要，对系统进行备份。

（6）维护工程师按照方案进行修改操作。

（7）完成维护后，需通知用户验证。

（8）维护申请提出方需要对维护结果进行反馈和评价。

（9）对软件维护过程进行记录、存档。

3. 软件变更过程

（1）技术部门对甲方提出系统功能变更的需求进行分析，初步确认需求的可行性和合理性。

（2）软件开发部门在甲方确认后，对根据需求提出软件变更的设计与实施方案。

（3）软件开发部门对软件变更方案确认后提交甲方确认。

（4）甲方确认后，软件开发部门可以开发、测试、实施软件变更。

（5）甲方对变更后的软件提出反馈意见。

（6）对软件变更过程进行记录、存档。

6.3　软件可维护性

维护人员理解、改正、改动或改进软件的难易程度称为软件可维护性。影响软件可维护性的因素包括以下几个方面：

1. 可理解性

软件可理解性表现为外来读者理解软件的结构、接口、功能和内部过程的难易程度。模块化、详细的设计文档、结构化设计、源代码内部的文档和良好的高级设计语言等等，都对改进软件的可理解性有重要贡献。

2. 可测试性

软件容易理解的程度决定诊断和测试软件的难易程度，良好的文档对诊断和测试是至关重要的。此外，软件结构、软件的测试和调试工具也都是非常重要的。维护人员应该能够得到在开发阶段用过的测试方案，以便进行回归测试。在设计阶段应该尽力把软件设计成容易测试和容易诊断的。

3. 可修改性

软件容易修改的程度和软件设计原理和规章直接有关，耦合、内聚、局部化、控制工作域的关系等因素，都会影响软件的可维护性。

4. 可移植性

软件可移植性是指把一种计算机上的软件转移到其他计算机上的能力。把与硬件、操作系统以及其他外部设备有关的程序代码集中放到特定的程序模块中，可以把因环境变化而必须修改的程序局限在少数程序模块内，从而降低修改的难度。

5. 可重用性

所谓重用是指同一事物不做修改或稍加改动就在不同环境中多次重复使用。大量使用可重用的软件构件来开发软件，可以提高软件的可维护性。

6.4　本章题解

1. 基本认知能力训练

判断类：

（1）为了识别和纠正软件运行中产生的错误而进行的维护称为改正性维护。　　　（√）

（2）采用软件工程方法开发软件，各阶段均有文档，容易维护，这种维护是结构性维护。
　　　　　　　　　　　　　　　　　　　　　　　　　　　　　　　　　　（√）

（3）为提高可维护性，要使用的先进的、强有力的、实用的软件开发方法是面向对象方法。　　　　　　　　　　　　　　　　　　　　　　　　　　　　　　　　（√）

（4）软件维护阶段是软件生存周期中时间最长的阶段，但花费费用较低。　　　（×）

（5）在软件交付使用后，在软件开发过程中产生的错误可以完全彻底在开发阶段被发现，而不必把错误带到维护阶段。　　　　　　　　　　　　　　　　　　　　　（×）

（6）采用手工方法开发软件只有程序而无文档，维护困难，这是一种非结构化维护。
　　　　　　　　　　　　　　　　　　　　　　　　　　　　　　　　　　（√）

（7）软件维护费用增加的主要原因是软件维护的生产率非常低。　　　　　　　（√）

（8）软件维护工作的活动只包含生产性活动。　　　　　　　　　　　　　　　（×）

（9）文档不是影响软件可维护性的决定因素。　　　　　　　　　　　　　　　（×）

（10）有两类维护技术：在开发阶段使用来减少错误，提高软件可维护性的面向维护技术；在维护阶段用来提高维护的效率和质量的维护支援技术。 （√）

选择类：

（1）为增加软件功能和性能而进行的软件修改维护过程是（C）。

A. 校正性维护 B. 适应性维护 C. 完善性维护 D. 预防性维护

（2）为了改进软件的可靠性和可维护性、适应未来的软硬件环境变化而做出的修改软件的过程称为（B）。

A. 校正性维护 B. 适应性维护 C. 完善性维护 D. 预防性维护

（3）在软件生存周期中，时间长、费用高、困难大的阶段是（D）。

A. 需求分析 B. 编码 C. 测试 D. 维护

（4）为适应计算机信息技术变化而做出的修改软件的过程称为（B）。

A. 校正性维护 B. 适应性维护 C. 完善性维护 D. 预防性维护

（5）软件维护困难的主要原因是（D）。

A. 投入费用低 B. 不受程序员重视 C. 维护人员少 D. 开发方法的缺陷

（6）软件维护费用高的主要原因是（A）。

A. 生产率低 B. 开发环境复杂 C. 人员多 D. 人员成本高

（7）维护阶段产生的文档是（C）。

A. 软件需求说明 B. 软件设计流程图 C. 软件问题报告 D. 测试分析报告

（8）软件可维护性的特性中，相互矛盾的是（C）。

A. 可修改性和可理解性 B. 可测试性和可理解性

C. 效率和可修改性 D. 可理解性和可读性

（9）为了提高软件的可维护性，在编码阶段应注意（D）

A. 保存测试用例和数据

B. 提高模块的独立性

C. 文档的注释不能提高程序运行的效率

D. 养成好的程序设计风格

（10）软件生命周期的（A）工作与软件可维护性有着密切的关系。

A. 每个阶段 B. 设计阶段 C. 测试阶段 D. 需求分析阶段

2. 综合理解能力训练

（1）软件维护有哪些类型？

答：1）改正性维护是指为了识别和纠正软件错误、改正软件性能上的缺陷、排除实施中的错误而进行的诊断和改正错误的过程。

2）适应性维护是指为使软件适应信息技术变化和需求变化而进行的修改。

3）完善性维护是指为了对已有软件系统增加部分在系统分析和设计阶段中没有规定的功能与性能特征而进行的修改，主要目的在于扩充软件功能和改善软件性能。

4）预防性维护是指为了改进软件的可靠性和可维护性、适应未来的软硬件环境变化，而主动增加的预防性的新功能，以使应用系统能够适应各种变化而不被淘汰。

（2）软件维护的特点是什么？

答：1）软件维护的代价高。

在近半个世纪的软件开发过程中，软件维护费用在总费用中的比重不断增加。经验表明，软件维护过程中若软件开发程序复杂性程度大，维护人员对软件不熟悉，那么维护工作量将成倍增加。

2）软件维护的困难大。

软件维护的困难表现在：读懂别人的程序是非常困难的；需要维护的软件往往没有合格的文档；软件开发和维护在人员、时间、开发工具、方法、技术上存在差异；绝大多数软件在设计时没有考虑将来的修改；软件维护不是一件吸引人的工作，维护工作经常遭受挫折。

3）结构化维护与非结构化维护差别大。

如果软件配置的唯一成分是程序代码而无文档，其维护工作将是非常难的，这是一种非结构化的维护。若软件开发各阶段都有相应的文档，则其维护工作相对容易，这是一种结构化的维护。

（3）软件维护的一般过程是什么？

答：软件维护的一般过程包括制定维护申请报告、审查申请报告并批准、运行维护并做详细记录、复审。

（4）什么是软件可维护性？影响软件可维护性的因素有哪些？

答：维护人员理解、改正、改动或改进软件的难易程度称为软件可维护性。

影响软件可维护性的因素包括可理解性、可测试性、可修改性、可移植性、可重用性。

（5）简述可以采取哪些方法提高软件的可维护性？

答：1）建立明确的软件质量目标。2）使用先进的软件开发技术和工具。3）建立明确的质量保证。4）选择可维护性的程序设计语言。5）改进程序的文档。

（6）微信的升级属于哪种维护？为什么？360 杀毒软件的升级属于哪种维护？为什么？

答：微信的升级属于完善性维护。因为微信的升级主要是完善软件的功能、提供给用户更好的服务。

360 杀毒软件的升级属于改正性维护。因为杀毒软件病毒库的升级主要是针对最新出现的病毒，而软件目前还不具备查杀最新病毒的能力，可能会引发软件出现问题，从而进行的改正性工作。

第 7 章　项目管理

本章主要内容

　　本章主要内容包括：软件规模估算，工作量估算，软件进度计划。具体包括代码行估算、功能点估算、工作量估算模型、开发时间估算、工程进度估算 Gantt 图、关键路径。通过本章课程学习，能够初步应用软件项目管理相关知识管理软件开发过程，并能够对不同的软件项目管理策略进行比较与综合。

本章学习目标

■ 了解软件项目管理定义、软件规模估算模型、工作量估算模型
■ 掌握代码行估算方法、功能点估算方法、工作量估算模型
■ 掌握 Gantt 图、关键路径

　　软件项目管理包含软件工程和项目管理相关知识和技术，软件项目管理的概念涵盖了管理软件产品开发所必须的知识、技术及工具。根据美国项目管理协会对项目管理的定义可以将软件项目管理定义为：在软件项目活动中运用一系列知识、技能、工具和技术，以满足软件需求方的整体要求。软件项目管理过程可分为：启动软件项目、制定项目计划、跟踪及控制项目计划、项目结束四个阶段。

7.1　软件规模估算

1. 软件项目估算概念

　　做好软件项目管理的基础是要做好项目的规划工作，而做好项目规划的前提是要做好软件估算。软件估算一般包括四个方面：规模估算、工作量估算、进度估算和成本估算。其中，规模估算是软件估算的第一步，也是软件估算中最核心的环节。规模估算的主要作用是通过规模估算建立项目基线；并利用基线对项目生产率和状态进行评价，从而确定软件过程的进度目标。

　　对软件项目进行估算的第一个问题就是估算软件规模。当软件项目过于复杂时，可以将问题进行分解，直到分解后的子问题容易解决，最终得出项目的任务分解结构（WBS，Work Breakdown Structure）。如图 7-1 所示一个任务分解的例子所示。

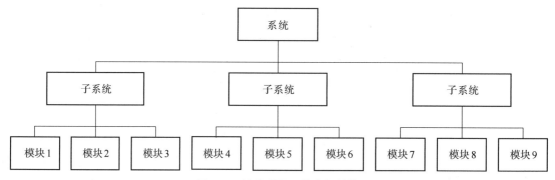

图 7-1　软件项目工作分解结构

2. 软件项目规模估算方法

　　有了工作分解结构之后，还必须定义度量标准用以对软件规模进行估计。常用的软件规模估算方法有代码行技术、功能点估算法等。

　　（1）代码行技术。

　　代码行（LOC）技术是比较简单的定量估算软件规模的方法。代码行技术在软件规模度量中最早使用，方法最简单。在用代码行度量规模时，常用源代码行即源代码的总行数作为度量标准。

　　代码行技术在实施过程中可以组织多位专家利用各自的软件项目管理经验对软件项目规模进行估算。具体过程为：

各位专家针对系统规格说明书提出三个参数值并给出依据：

1）minLOC：该软件最少代码行数；

2）maxLOC：该软件最多代码行数；

3）LOC：该软件最可能代码行数。

计算每位专家的软件项目代码行估算值：$Ei = (minLOC + 4LOC + maxLOC)/6$，再计算所有 n 位专家估值的均值即：$E = (E1 + E2 + \cdots + En)/n$。

代码行技术优点是简要，很容易计算代码行数。缺点是代码行数量依赖于所用的编程语言和个人的编程风格；代码行体现编码的工作量，只是项目实现阶段的一部分，不能准确反映整个软件项目的工作量。

（2）功能点估算法。

功能点（Function Point）估算是用系统的功能数量来测量其规模，以一个标准的单位来度量软件产品的功能，与实现产品所使用的语言和技术无关。

功能点技术定义了信息域的 5 个特性，分别是外部输入（EI）、外部输出（EO）、外部查询（EQ）、内部逻辑文件（ILF）和外部接口文件（EIF）。

使用功能点估算法需要评估产品所需要的内部基本功能和外部基本功能，然后根据技术复杂度因子进行量化，产生规模的最终结果。功能点的计算公式是

$$FP = UFP \times TCF$$

其中，UFP 表示未调整的功能点计数；TCF 表示技术复杂度因子。

未调整功能点数（UFP）估算：

国际功能点用户组织已经开发和发布了扩充的进行 FP 计数的规则，如表 7-1 ~ 表 7-4 所示。

表 7-1　外部输入的定级表

引用的文件类型个数	数据元素		
	1~4	5~15	>15
0~1	低	低	低
2	低	中	高
≥3	中	高	高

表 7-2　外部输出和外部查询共用的定级表

引用的文件类型个数	数据元素		
	1~5	6~19	>19
0~1	低	低	中
2~3	低	中	高
>3	中	高	高

表7-3　内部逻辑文件和外部接口文件共用的定级表

记录元素类型	数据元素		
	1~19	20~50	>50
0~1	低	低	中
2~5	低	中	高
>5	中	高	高

表7-4　复杂性权重定级取值表

功能点类型	复杂性权重		
	低	中	高
外部输入	3	4	6
外部输出	4	5	7
外部查询	3	4	6
内部逻辑文件	7	10	15
外部接口文件	5	7	10

　　未调整功能点数的计算方法如表7-5所示。未调整功能点数计算公式为低、中、高功能点的数量分别乘以其权重之和。即：

　　UFP＝数量（低）×权重（低）＋数量（中）×权重（中）＋数量（高）×权重（高）

表7-5　未调整功能点数估算表

功能点类型	组件复杂性			
	低	中	高	计数
外部输入	＿＿×3＝＿＿	＿＿×4＝＿＿	＿＿×6＝＿＿	
外部输出	＿＿×4＝＿＿	＿＿×5＝＿＿	＿＿×7＝＿＿	
外部查询	＿＿×3＝＿＿	＿＿×4＝＿＿	＿＿×6＝＿＿	
内部逻辑文件	＿＿×7＝＿＿	＿＿×10＝＿＿	＿＿×15＝＿＿	
外部接口文件	＿＿×5＝＿＿	＿＿×7＝＿＿	＿＿×10＝＿＿	
全部未调整的功能点数				

　　技术复杂度因子计算：

　　技术复杂度因子取决于14个通用系统特性，这些系统特性用来评定功能点应用的通用功能的级别。14个技术复杂度因子如表7-6所示。每个因子按照其对系统的重要程度分为6个级别如表7-7所示。

　　技术复杂度因子的计算公式为

$$TCF = 0.65 + 0.01 \times \sum_{i=1}^{14}(F_i)$$

　　其中，TCF表示技术复杂度因子；F_i为每个通用系统特性的影响程度；i代表每个通用系统特性，取值 $1 \sim 14$；$\sum$ 表示 14 个通用系统特性的和。根据公式可知，技术复杂度因子 TCF 的取值范围是 $0.65 \sim 1.35$。若 14 个通用系统特性的评分值被确定下来，则可以通过上面的公式计算出技术复杂度因子的值。

表 7-6　技术复杂度因子组成

因子大类	通用特性	
系统复杂度	FI	数据通信
	F2	分布数据处理
	F3	性能
	F4	硬件负荷
输入和输出复杂度	F5	事务频度
	F6	在线数据输入
	F7	终端用户效率
	F8	在线更新
应用软件复杂度	F9	处理复杂度
	F10	可复用性
	F11	已安装性
	F12	易操作性
	F13	跨平台性
	F14	可扩展性

表 7-7　技术复杂度因子的取值情况

调整系数	描述
0	不存在或没有影响
1	不显著的影响
2	轻微的影响
3	一般的影响
4	显著的影响
5	强大的影响

【例 7.1】　已知一个软件项目的各类功能计数项如表 7-8 所示，并且 14 个技术复杂度因子的取值情况如表 7-9 所示，根据功能点估算法，计算这个软件项目的功能点数。

表 7-8　软件功能计数项

各类计数项	简单	一般	复杂
外部输入	8	3	4
外部输出	6	6	2
外部查询	8	6	4
内部逻辑文件	8	5	0
外部接口文件	5	3	4

表7-9　复杂度因子取值

F1	F2	F3	F4	F5	F6	F7	F8	F9	F10	F11	F12	F13	F14
4	4	3	2	3	4	2	5	4	1	4	4	3	1

答：1）首先计算 UFD：

计算过程如表7-10所示，计算结果为 UFD=350。

表7-10　计算 UFD

功能点类型	组件复杂性			计数
	低	中	高	
外部输入	8 ×3= 24	8 ×4= 32	4 ×6= 24	80
外部输出	6 ×4= 24	6 ×5= 30	2 ×7= 14	68
外部查询	8 ×3= 24	6 ×4= 24	4 ×6= 24	72
内部逻辑文件	8 ×7= 56	5 ×10= 50	0 ×15= 0	106
外部接口文件	5 ×5= 25	3 ×7= 21	4 ×10= 40	86
全部未调整的功能点数				350

2）计算 TCF：

根据表7-9可得：

TCF=0.65+0.01×（4+4+3+2+3+4+2+5+4+1+4+4+3+1）＝1.09。

3）计算 FP：

FP=UFD×TCF=350×1.09≈382，即项目的功能点数约为382个。

7.2　工作量估算

软件项目工作量估算方法有静态单变量模型、动态多变量模型、COCOMO81 模型、CO-COMOII 模型。COCOMO81 模型法是基本的软件项目工作量估算方法。它是一种精确、易于使用的成本估算方法，已经得到业界数据的验证。

1. COCOMO81 模型分类

考虑不同的软件项目开发环境，在用 COCOMO81 模型估算软件项目成本过程中，将软件开发项目的模式分为3类：

（1）有机型：主要指各类应用软件项目，这类软件项目相对较小、较简单。开发人员对开发目标理解比较充分，与软件系统相关的工作经验丰富，对软件的使用环境很熟悉，受硬件的约束较小，软件项目规模不是很大。

（2）嵌入型：主要指各类系统软件项目，这类软件项目与系统中的硬件、软件和操作的限制条件联系紧密，对接口、数据结构、算法的要求高，软件项目规模任意。

（3）半嵌入型：主要指各类实用软件项目，介于上述两种模式之间，规模和复杂度都属于中等或更高。

2. COCOMO81 模型分级

COCOMO81 模型可分三级：基本模型、中等模型、高级模型。

（1）基本模型。

基本模型是一个静态、单变量模型，用一个已估算出来的源代码行数（LOC）为自变量的经验函数来计算软件开发工作量，只适用于粗略迅速估算，公式为

$$E = a \times (KLOC)^b$$

其中 E 为估算工作量，$KLOC$ 为千行代码数，a、b 为基本模型系数，a、b 系数值如表 7-11 所示。

表 7-11　基本模型的系数值

方式	a	b
有机型	2.4	1.05
半嵌入型	3.0	1.12
嵌入型	3.6	1.2

此模型适用于项目起始阶段，项目的相关信息很少，只要确定项目的模式和可能的规模就可以进行工作量的初始估算。

（2）中等模型。

中等模型是在基本模型的基础上，利用涉及产品、硬件、人员、项目等相关影响因素来调整工作量的估算，即用调整因子改进基本模型，调整工作量的估算。中等模型成本估算公式为

$$E = a \times (KLOC)^b \times F$$

其中 E 为估算工作量，$KLOC$ 为千行代码数，a、b 为模型系数，系数取值如表 7-12 所示。F 为中等模型调整因子，包含 4 类 15 种属性，是根据成本驱动属性打分的结果，是对公式的校正系数。

表 7-12　中等模型的系数值

方式	a	b
有机型	3.2	1.05
半嵌入型	3.0	1.12
嵌入型	2.8	1.2

（3）高级模型。

高级模型包括中等模型的所有特性，同时还要考虑对软件工程中分析、设计等各步骤的影响，以及系统、子系统、模块层的差别。具体做法是将项目分解为一系列的子系统或子模型，在一组子模型的基础上更加精确地调整一个模型的属性，当成本和进度的估算过程转到开发的详细阶段时，可以使用这一机制。总之，高级模型通过更加细粒度的因子，影响分析、考虑阶段的区别，达到更加细致地理解和掌控项目的目的。

7.3 进度计划

软件项目进度计划在软件项目开始开发时制定，其主要要素包括：目标、概念设计、工作分解结构、规模设计、工作量估计和项目进度安排。软件项目计划为软件项目开发管理者提供了项目定期评审和项目进展跟踪。

软件项目进度计划主要工作包括：软件项目开发时间估算、软件项目进度计划制定、估算软件项目进度。

1. 软件项目开发时间估算

（1）定额估算法。

定额估算法是比较基本的估算项目开发时间的方法，比较简单，容易计算，公式为：

$$T=Q/(R×S)$$

其中，T 为活动持续时间；Q 为工作量；R 为人力数量；S 为效率。

（2）经验导出模型。

经验导出模型是根据大量项目数据统计分析而得出，公式为

$$D=a×E^b$$

其中，D 表示月进度；E 表示人月工作量；参数 a 的值介于 2~4 之间；参数 b 的值为 1/3 左右。例如，Putnam 模型，$D=2.4E^{1/3}$；COCOMO 模型，$D=2.5E^b$（b 是介于 0.32~0.38 之间的参数）。

2. 软件项目进度计划制定

通常可以用甘特图（Gantt 图）或工程网络图制定软件项目进度计划。

（1）甘特图。

甘特图可以表示为一种线条图，如图 7-2 所示，横轴表示时间，纵轴表示要安排的活动，线条表示在整个期间上计划的和实际的活动完成情况。甘特图直观地表明任务计划在什么时候进行以及实际进展与计划要求的对比。

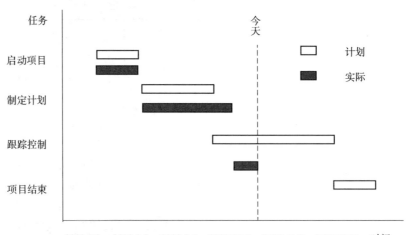

图 7-2　棒状甘特图

甘特图优点是直观、容易掌握、容易绘制。缺点是不能显现各项作业间前驱后继关系，不能显现关键作业即主要控制对象，不能显现各作业间资源关系，容易造成资源浪费。

（2）网络图。

网络图是制定软件项目进度计划的另一种常用图形工具。它不仅能绘制任务分解及每项作业开始和结束时间，还能显现各个作业间依赖关系。常用的网络图有 PDM 网络图、ADM 网络图等。

1）PDM 网络图。

PDM（Precedence Diagramming Method）网络图中，节点表示任务（活动），箭线表示各任务（活动）之间的逻辑关系，如图 7-3 所示。

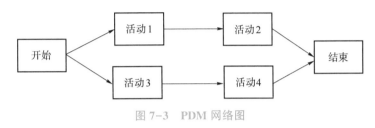

图 7-3　PDM 网络图

其中活动 1 是活动 2 的前置任务，活动 2 是活动 1 的后置任务。

2）ADM 网络图。

ADM（Arrow Diagramming Method）网络图中，箭线表示活动（任务），节点表示前一个任务的结束，后一个任务的开始，如图 7-4 所示。

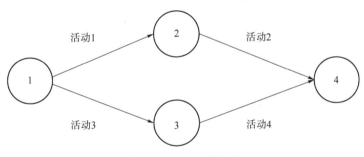

图 7-4　ADM 网络图

3. 估算软件项目进度

进度估算和进度编排常常是结合在一起进行的，估算项目进度的方法主要有关键路径法、时间压缩法等。下面以关键路径法为例。

关键路径法是根据指定的网络图逻辑关系进行单一的历时估算。找网络图关键路径的具体步骤参照数据结构中 AOE 网的关键路径求取算法（此处略）。

【例 7.2】　已知某软件项目各任务的 ADM 网络图如图 7-5 所示，绘制出此项目对应的关键路径网络图，并指出此项目的关键路径及完成此项目所需的总天数。

已知网络图中的一个任务如图 7-6 所示，图中标识了任务名称等属性。

答：此项目对应的关键路径网络图如图 7-7 所示。

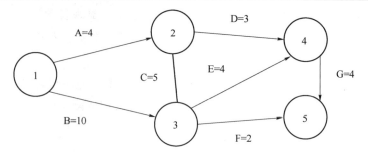

图 7-5 某软件项目 ADM 网络图

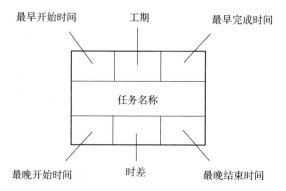

图 7-6 网络图中的任务图示

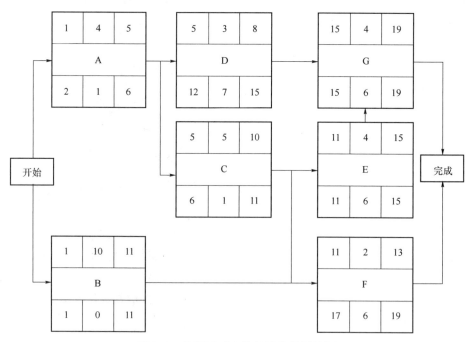

图 7-7 此项目对应的关键路径网络图

根据此项目对应的关键路径网络图可知，关键路径为：B→E→G，完成此项目所需的总天数为 18 天。

7.4 本章题解

1. 基本认知能力训练

判断类：

（1）项目开发过程中可以使用的资源是有限的。   （√）

（2）项目是为了创造一个唯一的产品或提供一个唯一的服务而进行的永久性的努力。

（×）

（3）在项目进行过程中，关键路径是不变的。   （×）

（4）过程管理与项目管理在软件组织中是两项很重要的管理，项目管理用于保证项目的成功，而过程管理用于管理最佳实践。   （√）

（5）软件项目都是需要签署合同的。   （×）

（6）在创建 WBS 时，项目工作分解得越细越好。   （×）

（7）成本估算不准有很多原因，有主观的原因，也有客观的原因。   （√）

（8）在进行软件项目估算的时候，可以参照其他企业的项目估算模型。   （√）

（9）项目总体的进度应该由客户来控制和调整。   （×）

（10）甘特图可以显示任务的基本信息，使用甘特图能方便地查看任务的工期，开始和结束时间以及资源的信息。   （√）

选择类：

（1）下列选项中不是项目的特征的是（C）。

A. 项目具有明确的目标   B. 项目具有限定的周期

C. 项目可以重复进行   D. 项目对资源成本具有约束性

（2）下列选项中属于项目的是（C）。

A. 上课   B. 社区保安   C. 野餐活动   D. 每天的卫生保洁

（3）可以构建一部分系统模型，通过用户试用提出优缺点，最好选择（B）生存期模型。

A. 增量式模型   B. 快速原型模型   C. 瀑布模型   D. V 模型

（4）项目管理过程中的进度目标、成本目标、质量目标、范围目标等各个目标之间是（B）的。

A. 相互独立   B. 相互关联和制约   C. 进度目标最重要   D. 没有关系

（5）WBS 是对项目由粗到细的分解过程，它的结构是（C）。

A. 分层的集合结构   B. 分级的树形结构

C. 分层的线性结构   D. 分级的图状结构

（6）下面（C）不是创建 WBS 的方法。

A. 自顶向下   B. 自底向上   C. 控制方法   D. 模版指导

（7）任务分解可以（A），它是范围变更的一项重要输入。

A. 提供项目成本估算结果　　　　　　B. 提供项目范围基线

C. 规定项目采用的过程　　　　　　　D. 提供项目的关键路径

（8）关于网络图，下面（C）是不正确的？

A. 网络图可用于安排计划　　　　　　B. 网络图展示任务之间的逻辑关系

C. 网络图可用于跟踪项目　　　　　　D. 网络图可用于详细的时间管理

（9）进度控制重要的一个组成部分是（D）。

A. 确保项目队伍的士气高昂

B. 定义为项目的可交付成果所需要的活动

C. 评估 WBS 定义是否足以支持进度计划

D. 确定进度偏差是否需要采取纠正措施

（10）（A）是用系统的功能数量来测量其规模，与实现产品使用的语言无关。

A. 功能点　　　　　B. 对象点　　　　　C. 代码行　　　　　D. 用例点

2. 综合理解能力训练

（1）任务分解有哪些方法和步骤？

答：任务分解方法：模板参照方法、类比方法、自上而下方法、自下而上方法。

任务分解的基本步骤：确认并分解项目的组成要素（WBS 编号）；确定分解标准，按照项目实施管理的方法分解，而且分解的标准要统一；确认分解是否详细，是否可以作为费用和时间估计的标准，明确责任；确定项目交付成果（可以编制 WBS 字典）；验证分解正确性。验证分解正确后，建立一套编号系统。

（2）检验任务分解结果的标准是什么？

答：检验任务分解结果的标准有：最底层的要素是否是实现目标的充分必要条件；最底层要素是否有重复的；每个要素是否清晰完整定义；最底层要素是否有定义清晰的责任人；是否可以进行成本估算和进度安排。

（3）项目经理正在进行一个核酸检测系统项目的估算，他采用的 Delphi 的专家成本估算方法，邀请 4 位专家进行估算，第一位专家给出 2.5 万元、9.5 万元、11 万元的估算值，第二位专家给出了 4 万元、7 万元、9 万元的估算值，第三位专家给出了 2 万元、6 万元、10 万元的估算值，第四位专家给出了 4 万元、6 万元、8 万元的估算值，计算这个项目的成本估算值是多少？

答：第一位专家的成本估算值为（2.5+9.5×4+11）/6=8.58（万元）

第二位专家的成本估算值为（4+7×4+9）/6=6.83（万元）

第三位专家的成本估算值为（2+6×4+10）/6=6（万元）

第四位专家的成本估算值为（4+6×4+8）/6=6（万元）

项目的成本估算值为（8.58+6.83+6+6）/4=6.85（万元）

（4）一个软件任务的规模估算是 15 人天，如果 3 个开发人员共同完成，每个开发人员效率是 S=1，则完成此软件需要多长时间？如果改用 2 个开发人员完成，而每个开发人员的效率是 S=1.5，完成此软件需要多长时间？

答：根据公式 $T = Q/(R \times S)$ 得：

3 人开发需要的时间为：$T = 15/(3 \times 1) = 5$（天）

2 人开发需要的时间为：$T = 15/(2 \times 1.5) = 5$（天）

（5）一个 50KLOC 的软件项目，属于中等规模，半嵌入型项目，试采用 COCOMO 模型估算项目时间。

答：根据已知条件得：

工作量 $E = 3.0 \times 50^{1.12} \approx 240$（人月）

项目时间 $D = 2.5 \times 240^{0.35} \approx 17$（月）

（6）某系统实现功能如下：二维几何分析、三维几何分析、数据库管理三个模块，其代码行估值如表 7-13 所示。已知该类系统平均生产率为 600 LOC/PM，一个劳动力价格为 5 000元/PM。

运用面向 LOC 估算技术计算：

1）总代码行估算值；

2）每行代码成本及总成本；

3）总工作量。

表 7-13 代码行估值

模块	乐观值	可能值	悲观值
二维几何分析	4 000	6 000	7 400
三维几何分析	5 200	6 500	8 400
数据库管理	3 000	4 200	6 000

答：二维几何分析代码行 $= (4\,000 + 6\,000 \times 4 + 7\,400)/6 = 5\,900$（行）

三维几何分析代码行 $= (5\,200 + 6\,500 \times 4 + 8\,400)/6 = 6\,600$（行）

数据库管理代码行 $= (3\,000 + 4\,200 \times 4 + 6\,000)/6 = 4\,300$（行）

总代码行 $= 5\,900 + 6\,600 + 4\,300 = 16\,800$（行）

每行代码成本：$5\,000/600 = 8.33$（元）

总成本：$8.33 \times 16\,800 \approx 140\,000$（元）

总工作量：$16\,800/600 = 28$ PM。

（7）已知一个软件项目的各类功能计数项如表 7-14 所示，并且假设 14 个技术复杂度因子的值都为 3，根据功能点估算法，计算这个项目的功能点数。如果项目的生产率 PE = 20 工时/功能点，计算此项目大概需要的总工时。

表 7-14 软件功能计数项

各类计数项	简单	一般	复杂
外部输入	10	6	4
外部输出	6	4	3
外部查询	2	6	8

续表

各类计数项	简单	一般	复杂
内部逻辑文件	6	2	1
外部接口文件	8	4	2

答：1）计算 UFD。

计算过程如表 7-15 所示，计算结果为 UFD=386。

表 7-15 计算 UFD

功能点类型	组件复杂性			
	低	中	高	计数
外部输入	10 ×3= 30	6 ×4= 24	4 ×6= 24	78
外部输出	6 ×4= 24	4 ×5= 20	3 ×7= 21	65
外部查询	2 ×3= 6	6 ×4= 24	8 ×6= 48	78
内部逻辑文件	6 ×7= 42	2 ×10= 20	1 ×15= 15	77
外部接口文件	8 ×5= 40	4 ×7= 28	2 ×10= 20	88
全部未调整的功能点数				386

2）计算 TCF。

因为技术复杂度因子的值都为 3，则 TCF=0.65+0.01×3×14=1.07。

3）计算 FP。

FP=UFD×TCF=386×1.07≈413，即项目的功能点数约为 413 个。

总工时=20×413=8 260。

（8）已知某项目的活动相关信息如表 7-16 所示，构造此项目完整的 CPM（关键路径）网络图，并指出此项目的关键路径。若总工期需要缩短，首先选择哪个活动进行压缩，为什么？

表 7-16 某项目活动信息

活动编号	正常工期（天）	赶工工期（天）	正常费用（元）	赶工费用（元）	前序活动
T1	7	—	—	—	—
T2	3	2	100	150	—
T3	6	4	200	300	T1
T4	3	2	150	200	T1
T5	3	2	120	150	T2
T6	2	—	—	—	T4，T5
T7	3	2	100	200	T3，T6

答：此项目完整的 CPM 网络图如图 7-8 所示。

此项目的关键路径为：T1→T3→T7。

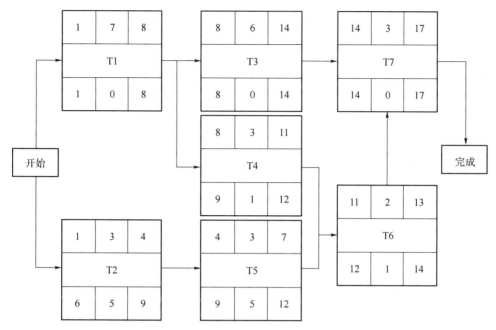

图 7-8 此项目的 CPM 网络图

若总工期需要缩短，首先选择关键路径上的活动进行压缩，而 T1 不能压缩，所以首先考虑选择活动 T3 或 T7 进行工期的压缩。比较这两个活动的单位时间赶工成本，根据已知条件可知：

活动 T3 的单位时间赶工成本 = (300-200)/(6-4) = 50 元。

活动 T7 的单位时间赶工成本 = (300-200)/(3-2) = 100 元。

若总工期需要缩短，首先选择单位时间赶工成本最低的活动 T3 进行压缩。

案　例　篇

本章主要内容

　　本章案例是使用 Bootstrap 作为前端框架，SSM 作为后端框架，MySQL 作为数据库。系统前端页面使用了 HTML5 技术，通过 Ajax 技术实现页面之间的数据传递。系统结合教育测量学的方法，通过对试卷难度系数、信度、效度、区分度等指标的计算以及试卷定量统计分析表和试卷分析文档的生成来完成学生试卷分析。系统主要实现了前台和后台两部分功能。前台实现的功能包括：教师授课信息查询、授课班级成绩信息查询、总体试卷、授课班级试卷分析、个人信息维护等功能；后台实现的功能包括：试卷题型及考点信息维护、考试试卷信息维护、考点信息维护、成绩信息维护、教师授课信息维护、教师信息维护、课程信息维护、用户信息维护等功能。通过本章案例学习，能够熟悉和运用面向对象软件开发方法，熟悉和掌握 Bootstrap、Spring-MVC、Spring、Mybatis、JSP 以及 MySQL 数据库技术等。

本章学习目标

- ■ 掌握用例图、类图、顺序图、活动图、功能模块图
- ■ 掌握 Bootstrap、Spring-MVC、Spring、Mybatis、JSP、MySQL 数据库技术

8.1 系统简介

8.1.1 选题背景

当前，随着社会企业对本科毕业生质量要求的不断提高，如何解决高校的教学质量问题已成为业界广受关注的热点话题，国家对高校的教学质量愈加的重视了。2018年1月30日教育部发布了《普通高等学校本科专业类教学质量国家标准》。其实早在2005年教育部已印发《关于加强高等学校本科教学工作提高教学质量的若干意见》，其中提到了如何应用现代教育技术提升教学水平，如何使用现代化信息技术辅助教学和管理，最终提升高校教学质量的内容。

学生考试是高校教学过程中的一个重要环节，学生考试试卷分析是对考试结果的统计、分析和自我评价，它反应了学生学的效果和教师教的质量，是教师下一阶段的课程教学工作持续改进的重要依据。但目前试卷分析工作存在以下问题：

（1）现有的考试试卷分析还没有达到准确、快捷地计算学生考试中每一个题目答题情况的程度，也不能从每一道题目或者每一个知识点的得分情况和相应的区分度、难度、及格率等信息中了解到学生对该知识点的掌握程度，以便有针对性地调节教学和指导复习。如果要做到细致和科学的分析，必定要涉及大量的数据运算，而教师们现在的试卷分析工作大都是靠手工来完成的，很难完成如此数据繁杂、工作量大的计算任务。因此，如果有款高校试卷分析系统，那么所有的数据都可以通过计算机来处理，而且还可以画出直观的直方图和比例图，让教师们一目了然，降低工作量，提高工作效率。

（2）目前，多数学校试卷分析工作仍以手工或半手工的方式进行，当考生数量较多，考试试卷数据量又较大时，教师往往只能简单地提供学生成绩、平均分、及格率等几样信息，许多考试试卷信息都白白地浪费掉了，以致试卷分析难以准确科学地反映学生的真实学习效果。

（3）尽管目前市场上已有一些试卷分析软件，但因其通用性和费用的限制，难以大规模普及。同时，这些试卷分析软件在试卷分析工作方面，还存在很多不规范。

因此，为帮助教师高效完成试卷分析工作，设计和实现一款规范、实用的高校试卷分析系统来辅助教师进行试卷分析就显得很有必要了。

8.1.2 系统开发意义与目标

1. 系统开发意义

学生考试试卷分析是每一个高校教学过程中必不可少的环节，是反映和评估教学质量的重要手段。以往大多数高校对学生考试试卷的统计和分析大都是使用人工方法进行的，而且仅仅是计算了平均分、及格率、难度系数等四五样指标，不但费时费力、大大增加了错误的概率，还不能准确反映学生们真实的学习效果，对教学改进也起不到太大的作用。而设计高校试卷分析系统的目的就是运用教育测量学理论对考试试卷进行科学、准确的自动化分析。这样不仅可以大大减轻教师的负担、准确反映学生的学习效果，也可以准确了解到教学中的薄弱环节，同时还可以发现命题及试卷中存在的问题。

设计开发高校试卷分析系统的意义主要有四点，分别如下：

（1）可以使用标准化的试卷评估体系来定量分析试卷。

试卷分析的指标很多，每个指标的分析计算方法也各不相同，以标准化的试卷评估体系进行试卷评估，可以得出定量的分析数据。通过对考试信度、难度系数等试卷分析项目指标的分析，进而评价考试的质量，可以确保测量结果有意义。在教学中组织一次考试时，一般都很注重用于测量的试卷是否做到了规范化、标准化，作为此次考试测量工具的试卷是否可靠而有效的判定标准。而在考试后对考试的信度、效度等方面做出分析，就可以判断此次考试试卷是否可靠、规范。只有有效而可靠的考试试卷，其结果才能作为评价教学质量或衡量个人学习情况的科学依据。

（2）能够科学化地规范试卷命题。

通过对试题难度和区分度的分析，教师可以决定试题的取舍，从而为试卷设计、题库建设提供可靠依据，使试卷设计和题库建设更加科学化，进而有效发挥考试的导向作用。这对于评价教学、规范命题等都具有现实的指导意义。

（3）可以为教师发现教学工作中存在的问题与不足提供持续改进的依据。教师通过系统来对考试试卷中的数据进一步挖掘分析，可以发现教学工作中存在的问题与不足，进而找出教学工作中带有的普遍性问题，发现学生学习过程中出现的个别性问题，并及时地在教学中加以调节与反馈，以便更有效地因材施教，从而起到对教学工作的改进作用。

（4）提高试卷分析的工作效率、为强化教学管理提供可靠的数据源。

本系统的各项试卷分析指标都采用计算机后台自动计算，淘汰了费时的手工计算方式，大大提高了计算结果的准确率。规范了试卷分析的标准，便于有效地进行试卷分析，达到提高试卷分析的工作效率和质量的目的，能够为教学评估、教学质量监控提供一定可靠的依据。

2. 系统开发目标

本题目的主要目标是设计与实现基于 Bootstrap+SSM 的高校试卷分析系统。该系统分为前台试卷分析系统和后台管理系统两大块，用户权限分为管理员、主任、教师三类。前台分析系统中有授课信息查询、学生成绩查询、总体试卷分析、授课班级试卷分析、个人信息维护、修改密码、系统操作指南等七大模块。后台管理系统则分为试卷题型及考点维护、成绩信息维护、教师信息维护、用户信息维护、课程信息维护、教师授课信息维护、班级信息维护、修改密码、系统操作指南等九大模块。管理员登录后可以到后台管理系统中对试卷题型及考点信息、学生成绩信息、教师信息、用户信息、课程信息、授课信息、班级信息等信息表进行维护。主任登录后可以查看或者导出自己的授课信息和自己授课班级的成绩信息，可以查看或者导出本次考试试卷及自己授课班级的试卷分析文档，还可以对个人信息进行维护。教师登录后可以查看或者导出自己的授课信息和自己授课班级的成绩信息，可以查看或者导出自己授课班级的试卷分析文档，也可以对个人信息进行维护。

8.2 需求分析

8.2.1 可行性分析

1. 经济可行性分析

高校试卷分析系统是一个信息化、智能化、网络化的试卷分析系统。开发一个新系统是一项艰巨而复杂的任务，它的投资主要包括人力投资和物力投资。高校试卷分析系统投入使用后不仅会降低高校试卷分析工作的人力成本，还能够提高试卷分析工作的效率。

本系统开发时间约为四个月，开发工具使用的都是开源免费的，所以投资成本不大。系统开发投入使用后，给高校带来的经济效益会远远超过开发成本，所以本系统在经济上是可行的。

2. 技术可行性

（1）Bootstrap 技术。

Bootstrap 是基于 HTML、CSS、JavaScript 开发的简洁、直观、强悍的前端开发框架。Bootstrap 提供了优雅的 HTML 和 CSS 规范，包含了丰富的 Web 组件，根据这些组件，能够开发出更为快捷、漂亮、功能完备的 Web 网站。Bootstrap 一经推出后颇受欢迎。

（2）JSP 技术。

JSP 是主流的 Web 应用程序开发技术，它还提供一种新的编程模型和结构，用于生成功能强大的新型应用程序。而 Java Servlet 可以用来做大规模的应用服务。用 JSP 开发的 Web 应用是跨平台的，既能在 Linux 下运行，也能在其他操作系统上运行。Web 服务器在遇到访问 JSP 网页的请求时，首先执行其中的程序段，然后将执行结果连同 JSP 文件中的 HTML 代码一起返回给客户。

（3）SSM 框架技术。

SSM 框架是 Spring MVC，Spring 和 Mybatis 框架的整合，是标准的 MVC 模式，将整个系统划分为表现层、controller 层、service 层、DAO 层四层。

（4）Spring MVC 层。

1）客户端发送请求到 DispacherServlet（分发器）；

2）由 DispacherServlet 控制器查询 HanderMapping，找到处理请求的 Controller；

3）Controller 调用业务逻辑处理后，返回 ModelAndView；

4）DispacherServlet 查询视图解析器，找到 ModelAndView 指定的视图；

5）视图负责将结果显示到客户端。

（5）Spring 层。

就像是整个项目中装配 bean 的大工厂，在配置文件中可以指定使用特定的参数去调用实体类的构造方法来实例化对象，也可以称之为项目中的粘合剂。Spring 的核心思想是 IOC（控制反转），即不再需要程序员去显式地 new 一个对象，而是让 Spring 框架帮你来完成这一切。IOC 容器负责实例化、定位、配置应用程序中的对象及建立这些对象间的依赖。Spring 的目的就是让对象与对象（模块与模块）之间的关系没有通过代码来关联，都是通过配置类说明管理的（Spring 根据这些配置，内部通过反射去动态地组装对象）。

（6）Mybatis 层。

是对 JDBC 的封装，它让数据库底层操作变得透明。Mybatis 的操作都是围绕一个 sqlSessionFactory 实例展开的。Mybatis 通过配置文件关联到各实体类的 Mapper 文件，Mapper 文件中配置了每个类对数据库所需进行的 SQL 语句映射。在每次与数据库交互时，通过 sqlSessionFactory 拿到一个 sqlSession，再执行 SQL 命令。

（7）MySQL 技术。

MySQL 是一个关系型数据库管理系统，由瑞典 MySQL AB 公司开发，属于 Oracle 旗下产品。MySQL 所使用的 SQL 语言是用于访问数据库的最常用标准化语言。于其体积小、速度快、总体拥有成本低，尤其是开放源码这一特点，一般中小型网站的开发都选择 MySQL 作为网站数据库。

本系统主要采用 Bootstrap 作为前端开发框架，SSM 框架作为后端开发框架，这两个开发框架都是当前流行的前、后端开发框架，技术相当成熟。后端开发语言使用的是 Java，因为 Java 语言是面向对象的语言，并且功能十分强大，使用它会减少编程过程中出现的错误；HTML5 是当前流行的前端网页技术，使用它有助于美化界面，兼容更多的浏览器；因为 Ajax 技术成熟稳定，所以数据传输使用了 Ajax 技术。综合来看，系统所采用的技术都是现有的成熟技术，所以技术方面是可行的。

3. 运行环境可行性

本系统操作简单，有过计算机操作经验的人都可以熟练操作本系统，进入系统后可以由登录界面输入用户名和密码，通过认证后来到主操作界面，功能模块和执行的操作可通过鼠标单击和键盘输入来完成，操作与管理上简单明了。软件运行的操作系统建议使用 Windows 2010。从开发运行的软件环境方面来说，本系统开发运行的软件环境为 JDK 8.0，服务器为 tomcat 8.0，开发工具为 Eclipse，数据库使用的是 MySQL，这些都是开源的工具，使用的开发框架 SSM 也是极其优秀的开源免费框架。而且这些工具的安装和配置都比较简单，大多数的操作系统都可以成功安装，并搭建出软件运行所需要的环境。系统运行的硬件环境则包括 LG 显示器；硬盘（60G 以上）；CPU（AMD 1.60GHz）；内存（512M）；昂达主板；键盘鼠标等。这些都是计算机常用的硬件，所以不可能存在硬件的问题。总的来说，系统无论是在软件运行环境还是在硬件运行环境方面都是可行的。

8.2.2　系统用例分析

用例图是系统用例分析的重要手段，它由系统、参与者、用例以及它们之间的关系构成。用例是用例图中最关键的元素。用例是系统服务于外界的完整的、独立的功能。从原则上来讲，用例之间并不存在着包含从属关系。参与者之间可以存在泛化关系，用例之间可以存在包含、扩展和泛化关系。

本系统分为前台试卷分析系统和后台管理系统：前台试卷分析系统主要用于授课信息查询、学生成绩查询、总体试卷分析、授课班级试卷分析、个人信息维护、修改密码等操作；后台管理系统主要用于管理员对试卷题型及考点信息、成绩信息、教师信息、课程信息等信息进行管理。

根据上述功能分析的描述，可以得到以下高校试卷分析系统的相关用例图。

（1）系统总体用例图。

高校试卷分析系统前台用例主要完成授课信息查询、学生成绩查询、总体试卷分析、授课班级试卷分析、个人信息维护、密码修改等操作。高校试卷分析系统前台用例图如图 8-1 所示。

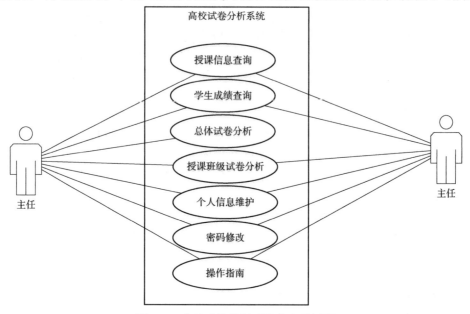

图 8-1　高校试卷分析系统前台用例图

高校试卷分析系统后台用例主要完成试卷题型及考点维护、成绩信息维护、教师授课信息维护、课程信息维护、用户信息维护、班级信息维护等操作。高校试卷分析系统后台用例图如图 8-2 所示。

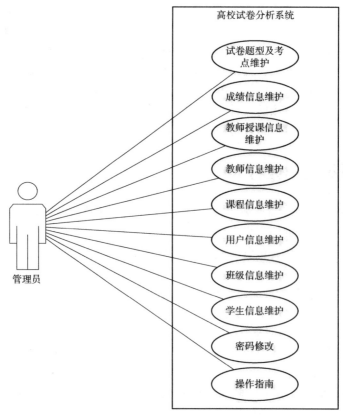

图 8-2　高校试卷分析系统后台用例图

（2）授课信息查询用例图。

授课信息查询用例主要完成对指定学年、指定学期的教师授课信息的查询。授课信息查询用例图如图8-3所示。

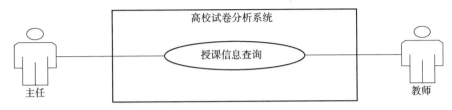

图8-3　授课信息查询用例图

（3）学生成绩查询用例图。

学生成绩查询用例主要完成对指定学年，指定学期及指定授课科目的学生成绩信息的查询。学生成绩查询用例图如图8-4所示。

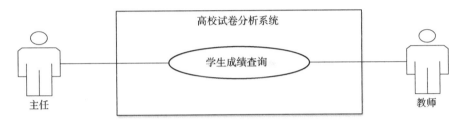

图8-4　学生成绩查询用例图

（4）总体试卷分析用例图。

总体试卷分析用例主要完成对全校指定学年、指定学期及指定授课科目的考试试卷进行分析。总体试卷分析用例图如图8-5所示。

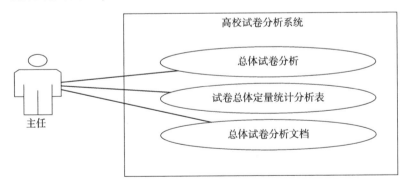

图8-5　总体试卷分析用例图

（5）授课班级试卷分析用例图。

授课班级试卷分析用例主要完成对教师授课班级的指定学年、指定学期及指定授课科目的试卷进行分析。授课班级试卷分析用例图如图8-6所示。

本节只介绍了系统主要功能的用例分析及用例图，系统其他功能用例分析及用例图在此略。

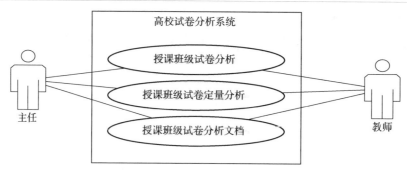

图 8-6　授课班级试卷分析用例图

8.2.3　系统对象分析

　　类图可以显示出类、接口以及它们之间的静态结构和关系；可以用于描述系统的结构化设计。根据上节的功能分析，系统类图如下：

　　（1）成绩查询类图。

　　成绩查询包含成绩信息处理类、成绩业务类、成绩接口类、成绩业务实现类和成绩实体类五个类，成绩查询类图如图 8-7 所示。

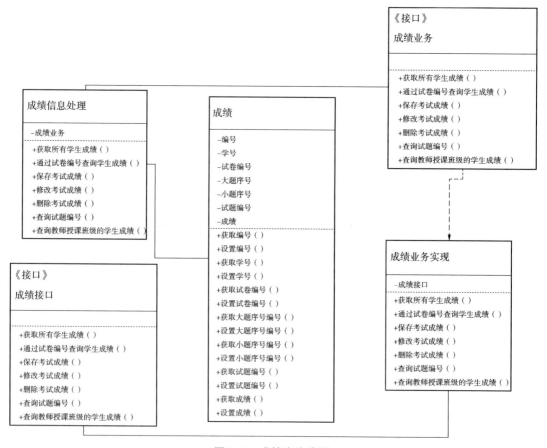

图 8-7　成绩查询类图

（2）总体试卷分析类图。

总体试卷分析的类图包含总体试卷分析业务处理类、总体试卷分析业务类、总体试卷分析接口类、总体试卷分析业务实现类和总体试卷分析实体类五个类。总体试卷分析业务处理类主要完成对试卷总体分析信息的处理，总体试卷分析业务实现类主要是整合总体试卷分析业务类和总体试卷分析接口类两大类，总体试卷分析类主要存放的是总体试卷分析信息的实体类。总体试卷分析类图如图8-8所示。

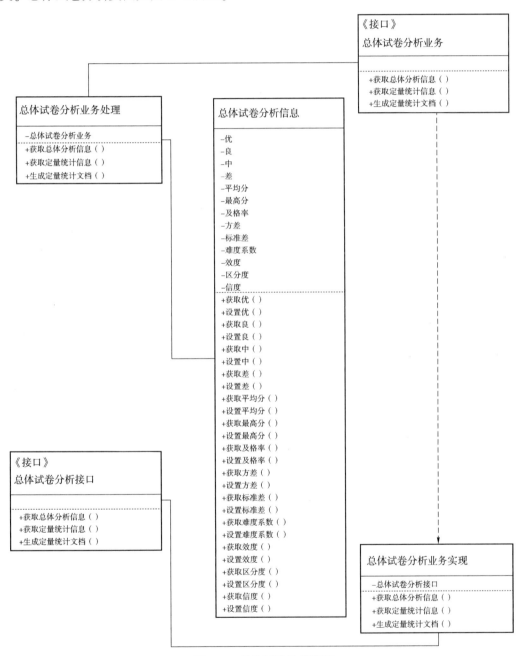

图8-8　总体试卷分析类图

（3）授课班级试卷分析类图。

该类图包含授课班级试卷分析业务处理类、授课班级试卷分析业务类、授课班级试卷分析接口类、授课班级试卷分析业务实现类和授课班级试卷分析信息实体类。授课班级试卷分析业务处理类完成对授课班级试卷分析信息的处理，授课班级试卷分析业务实现类主要是整合授课班级试卷分析业务类和授课班级试卷分析接口类，授课班级试卷分析类主要存放的是授课班级试卷分析信息的实体类，如图 8-9 所示。

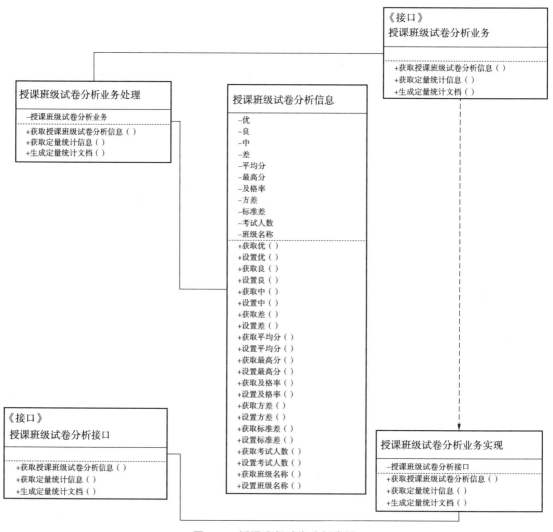

图 8-9　授课班级试卷分析类图

（4）授课信息查询类图。

授课信息查询的类图包含授课信息信息处理类、授课信息业务接口类、授课信息类、授课信息业务实现类和授课信息实体类五个类。授课信息处理类主要完成对授课信息的处理，授课信息业务实现类主要是整合授课信息业务类和授课信息接口类两大类，授课信息主要存放的是授课信息实体类，如图 8-10 所示。

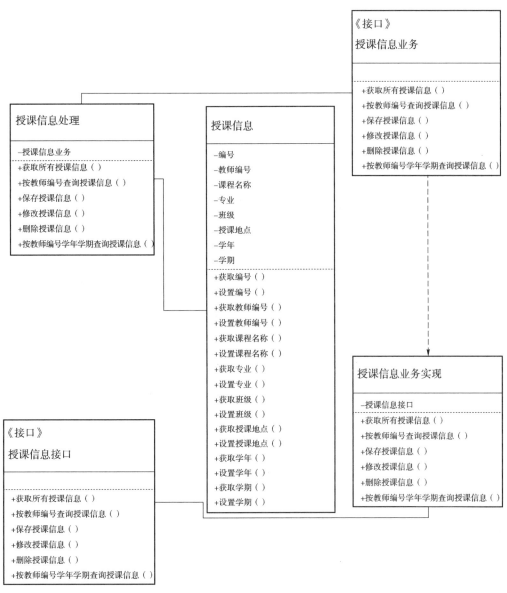

图8-10　授课信息查询类图

（5）个人信息维护类图。

个人信息维护类图包含教师信息维护类、教师信息维护业务类、教师信息维护类、教师信息维护业务实现类和教师实体类五个类。教师信息维护类主要完成对教师信息的处理，教师信息维护业务实现类主要整合教师信息维护业务类和教师信息维护接口类，教师主要存放的是教师信息的实体类，如图8-11所示。

以上是系统部分主要功能模块的类图，其他的诸如教师信息维护、课程信息维护、用户信息维护等功能模块，其类图在此略。

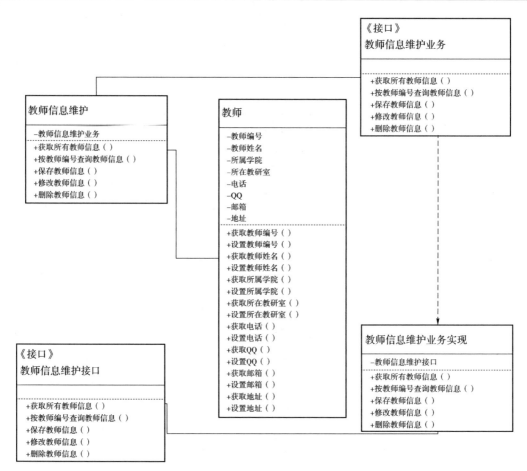

图 8-11　个人信息维护类图

8.3　系统设计

系统设计主要分为总体设计和详细设计两部分。总体设计阶段主要是确定软件的结构。详细设计是在总体设计基础上设计每个模块的蓝图。本节系统设计主要包括系统总体设计、系统详细设计、数据库设计三部分。

8.3.1　系统总体设计

1. 系统硬件结构

架设于服务器上的高校试卷分析系统通过互联网可以连接系统相关用户，访问系统前端界面和后端界面，完成试卷分析的相关工作。高校试卷分析系统硬件结构如图 8-12 所示。

图 8-12　系统硬件结构

2. 系统软件结构

本系统的数据库采用 MySQL 数据库，系统采用 B/S（浏览器/服务器）模式，浏览器端即为客户端。用户通过客户端浏览器向服务器发送请求，服务器收到后处理相关业务和数据（连接访问数据库），将结果返回给用户。系统的软件结构如图 8-13 所示。

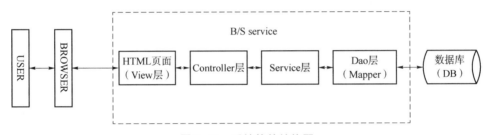

图 8-13　系统软件结构图

3. 系统总体设计

总体设计主要是根据刚开始的需求说明书设计出系统的实现方法。经过需求分析步骤的工作之后，现在已经非常清楚该系统应该具体想要完成什么功能了。下一步的工作就是该如何设计和实现这些功能。

本系统主要实现两个服务端：前端和后端。

（1）前端主要实现以下几个功能：

授课信息查询：实现教师授课信息的查询和导出。

学生成绩查询：实现教师授课的班级学生成绩的查询和导出。

总体试卷分析：实现本次考试试卷的难度系数、区分度、信度、效度、均分、及格率、标准差及方差的计算。生成总体成绩分布直方图、各题型定量统计表及试卷分析文档。

授课班级试卷分析：实现授课班级试卷的及格率、平均分、标准差和方差的计算。生成各班和总的成绩分布直方图、各班的题型定量统计表及个人试卷分析文档。

个人信息维护：查询和修改个人信息。

修改密码：实现用户密码的修改。

操作指南：说明系统的操作方法。

（2）后端主要实现以下几个功能：

试卷题型及考点维护：实现对试卷题型及考点信息的增、删、改、查。

成绩信息维护：实现对成绩信息的增、删、改、查和导出。

教师信息维护：实现对教师信息的增、删、改、查。

用户信息维护：实现对用户信息的增、删、改、查。

课程信息维护：实现对课程信息的增、删、改、查。

教师授课信息维护：实现对教师授课信息的增、删、改、查。

班级信息维护：实现对班级信息的增、删、改、查。

修改密码：实现用户密码的修改。

操作指南：说明系统的操作方法。

本系统的前端功能模块如图8-14所示。

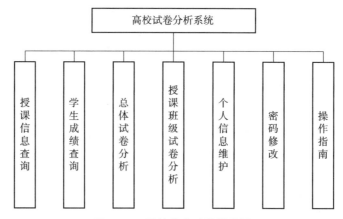

图8-14　系统前台功能模块图

本系统的后台端功能模块图如图8-15所示。

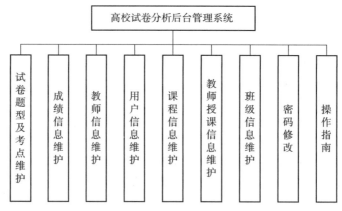

图8-15　系统后台功能模块图

（3）系统各大初始模块还包含有许多的基本模块，主要有以下几点：

①授课信息查询模块主要完成教师授课的查询和导出操作。具体功能模块图如图8-16所示。

②学生成绩查询模块主要完成教师授课班级的学生成绩的查询和导出操作。具体功能模块图如图8-17所示。

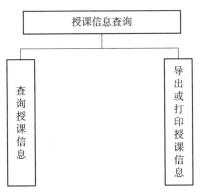

图 8-16　授课信息查询功能模块图

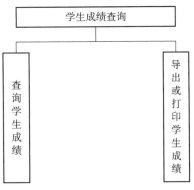

图 8-17　学生成绩查询功能模块图

③个人信息维护模块主要完成对个人信息的查询和修改，如图 8-18 所示。

④试卷题型及考点维护模块主要完成管理员对试卷题型及考点信息的增、删、改、查操作，具体如图 8-19 所示。

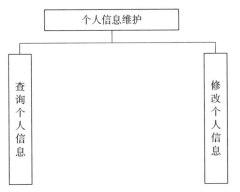

图 8-18　个人信息维护功能模块图

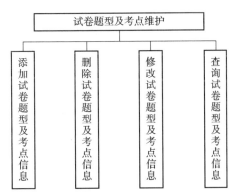

图 8-19　试卷题型及考点维护功能模块图

⑤总体试卷分析主要实现本次考试试卷的难度系数、区分度、信度、效度、均分、及格率、标准差及方差的计算，并生成总体成绩分布直方图和各题型定量统计表及试卷文档，还可以导出试卷分析文档，如图 8-20 所示。

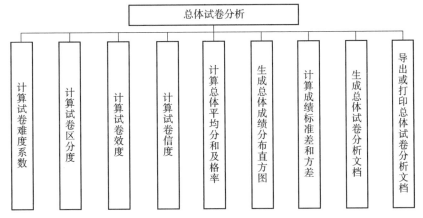

图 8-20　总体试卷分析模块图

⑥授课班级试卷分析模块主要实现授课班级试卷的及格率、平均分、标准差和方差的计算，并且生成各班和总的授课班级的成绩分布直方图和各班的题型定量统计表及个人试卷分析文档。具体功能模块图如图8-21所示。

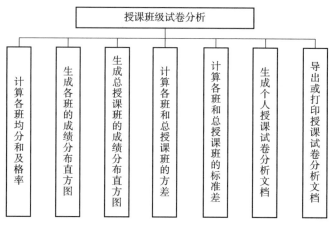

图8-21　授班级试卷分析功能模块图

⑦成绩信息维护主要完成管理员对成绩信息的增、删、改、查操作，如图8-22所示。

⑧考点数量信息维护模块主要完成管理员对考点数量信息的增、删、改、查操作，具体如图8-23所示。

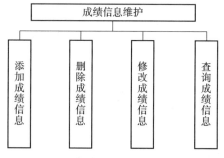 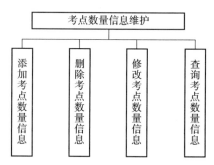

图8-22　成绩信息维护功能模块图　　图8-23　考点数量信息维护功能模块图

系统其他功能模块以及上述功能模块的细化在此略。

8.3.2　系统详细设计

对于本系统详细设计的行为分析，按各功能模块中的重点行为以及用例中的场景对其分别建立 UML 活动图及顺序图，具体为系统总体活动图、授课信息查询活动图及顺序图、学生成绩查询活动图及顺序图、授课班级试卷分析活动图及顺序图、总体试卷分析活动图及顺序图、试卷题型及考点维护活动图及顺序图等。

1. 系统总体活动图

在系统中用户可以成功登录系统，分配相关角色和权限，然后进行高校试卷分析系统的相关操作，完成高校试卷的分析工作。系统总体活动图如图8-24所示。

2. 授课信息查询活动图及顺序图

授课信息查询主要对教师的授课信息进行查询，活动图如图8-25所示。

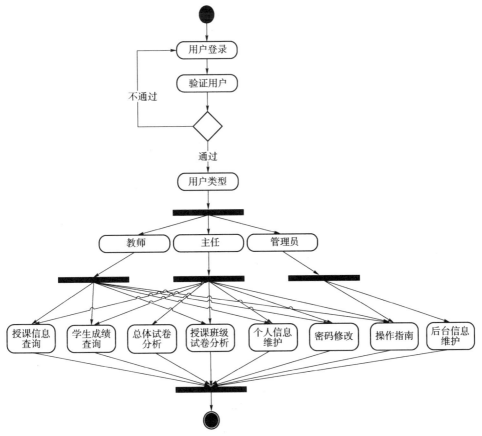

图 8-24　高校试卷分析系统总体活动图

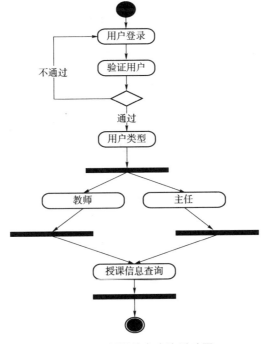

图 8-25　授课信息查询活动图

授课信息查询顺序图如图 8-26 所示。

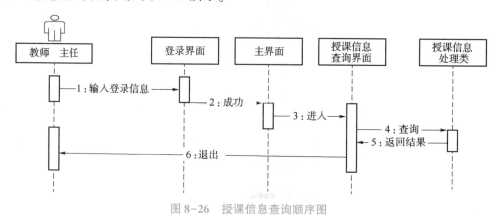

图 8-26　授课信息查询顺序图

授课信息查询主要流程：教师或主任成功登录系统后，进入系统主界面再进入授课信息查询界面，然后选择学年、学期就可以到后台查询出教师的授课信息。

3. 学生成绩查询活动图及顺序图

学生成绩查询主要对授课班级的学生成绩进行查询，其活动图如图 8-27 所示。

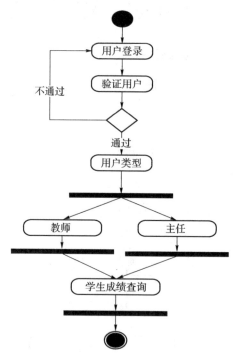

图 8-27　学生成绩查询活动图

学生成绩查询顺序图如图 8-28 所示。

学生成绩查询主要流程：教师或主任成功登录系统后，进入高校试卷分析系统主界面，再进入学生成绩查询界面，在学生成绩查询界面中选择学年、学期和科目就可以到后台查询出学生的成绩信息。

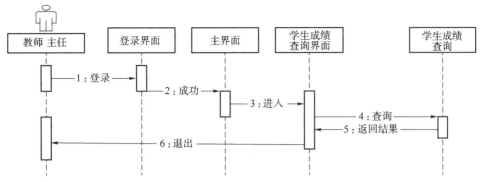

图8-28　学生成绩查询顺序图

4. 授课班级试卷分析活动图及顺序图

授课班级试卷分析主要是对教师授课班级的试卷进行分析，活动图如图8-29所示。

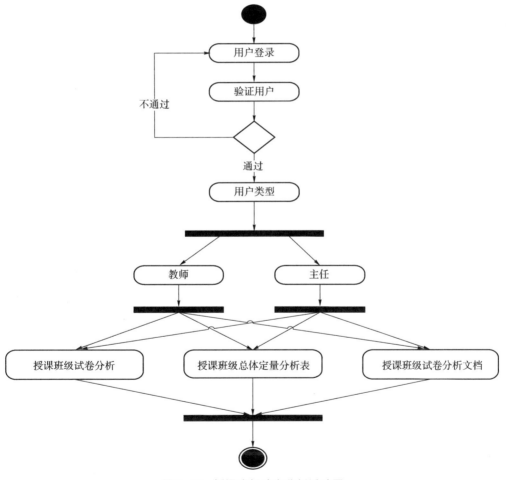

图8-29　授课班级试卷分析活动图

授课班级试卷分析顺序图如图8-30所示。

授课班级试卷分析主要流程：主任或教师成功登录高校试卷分析系统后，进入高校试卷

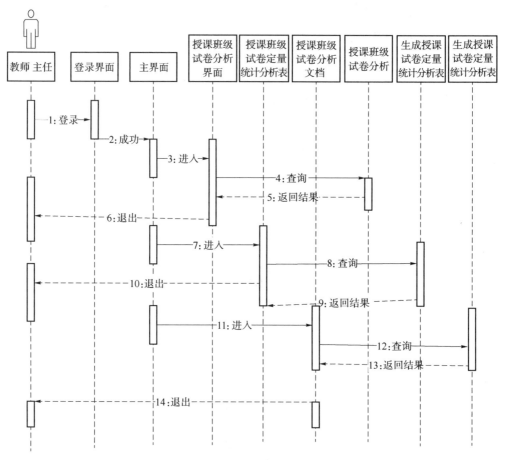

图 8-30　授课班级试卷分析顺序图

分析系统主界面，再单击授课班级试卷分析导航菜单，进入授课班级试卷分析界面，在授课班级试卷分析界面中选择想要查询的学年、学期和科目的授课班级试卷分析信息，就可以到后台查询出教师在该学年、该学期、该科目的授课试卷分析信息。从主界面进入授课班级试卷定量统计表界面，在授课班级试卷定量分析表界面中选择学年、学期和科目可以到后台查询出全校该学年、该学期、该科目的授课班级试卷定量分析表的信息。进入授课班级试卷分析文档界面后，在授课班级试卷分析文档界面中选择学年、学期和科目可以到后台查询出教师该学年、该学期、该科目的授课班级试卷分析文档的信息，还可以导出该分析文档。

5. 总体试卷分析活动图及顺序图

本系统的总体试卷分析主要对全校的考试试卷进行分析。总体试卷分析活动图如图 8-31 所示。

总体试卷分析顺序图如图 8-32 所示。

总体试卷分析主要流程：主任成功登录系统后，进入高校试卷分析系统主界面，进入总体试卷分析界面，在总体试卷分析界面中选择学年、学期和科目可以到后台查询出全校该学年、该学期、该科目的试卷分析信息。从主界面进入总体试卷定量分析表界面，在总体试卷定量分析表界面中选择学年、学期和科目可以到后台查询出全校该学年、该学期、该科目的总体试卷定量分析表的信息。进入总体试卷分析文档界面后，在总体试卷分析文档界面中选

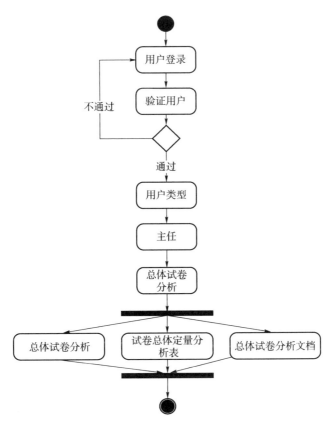

图 8-31　总体试卷分析活动图

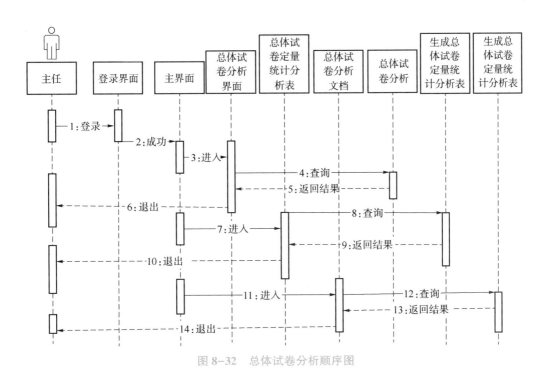

图 8-32　总体试卷分析顺序图

择学年、学期和科目可以到后台查询出全校该学年、该学期、该科目的总体试卷分析文档的信息，还可以导出该分析文档。

6. 试卷题型及考点维护活动图与顺序图

试卷题型及考点维护的功能是维护试卷题型及考点相关信息表的信息。试卷题型及考点维护又可以详细分为三个部分，分别是试卷类型及考点维护、考试试卷信息维护和考点数量维护。试卷类型及考点维护主要是对试卷类型及考点信息表进行增加、删除、修改和查询操作。考试试卷信息维护主要是对考试试卷信息表进行增加、删除、修改和查询操作。考点数量维护则主要是对考点数量信息表进行增加、删除、修改和查询操作。试卷题型及考点维护活动图如图 8-33 所示。

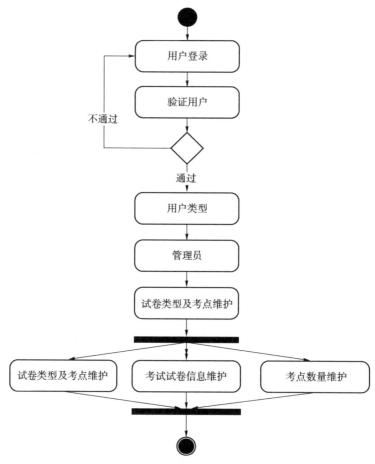

图 8-33　试卷题型及考点维护活动图

试卷题型及考点维护详细分为三个部分，因此试卷题型及考点维护执行顺序也可以分三部分执行。其详细的执行顺序图如图 8-34 所示。

试卷题型及考点维护主要流程：管理员成功登录系统后，进入高校试卷分析系统后台主界面，再进入试卷类型及考点维护界面，在试卷类型及考点维护界面中可以对试卷类型及考点信息进行维护。进入考试试卷信息维护界面后，在考试试卷信息维护界面中可以对考试试卷信息进行维护。进入考点数量维护界面后，在考点数量维护界面中可以对考点数量信息进行维护。

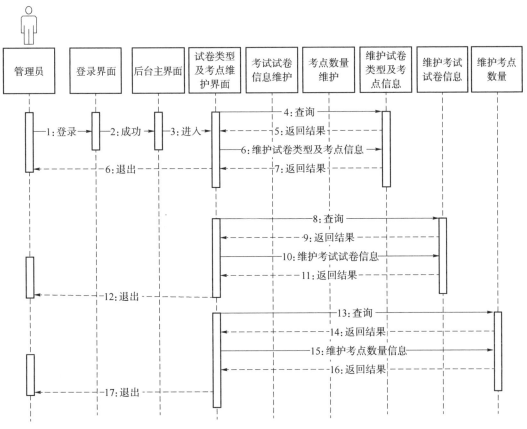

图 8-34　试卷题型及考点维护顺序图

系统中其他功能模块如个人信息维护模块、成绩信息维护模块、授课信息维护等的活动图及顺序图在此略。

8.3.3　数据库设计

数据库设计是指对于一个给定的应用环境，构造最优的数据库模式，建立数据库及其应用系统，使之能够有效地存储数据，满足各种用户的应用需求（信息要求和处理要求）。本小节系统数据库设计介绍的主要内容为概念设计和逻辑结构设计。

1. 概念设计

本系统数据库设计采用实体联系图即 E-R 图方法。系统总体 E-R 图，如图 8-35 所示。各实体及其属性简介如下。

（1）用户实体包括用户名、密码、权限等。

（2）试卷类型及考点信息实体图包括编号、课程名称、试卷类型编号、大题序号、小题序号、满分、考点、题目类型、答案数目。

（3）成绩信息实体图包括编号、学号、试卷编号、试题编号、成绩信息。

（4）考试试卷信息实体图包括编号、试卷编号、试卷类型编号等属性。

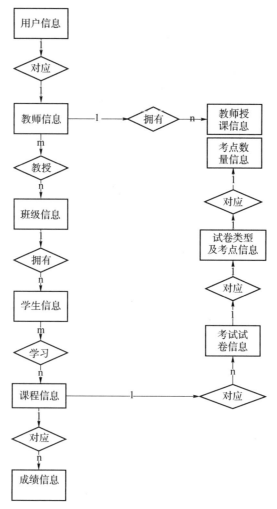

图 8-35　系统总体 E-R 图

（5）教师授课信息实体图包括编号、教师编号、课程名称、专业、班级、授课时间及地点、授课学年、授课学期。

（6）教师信息实体图包括教师编号、教师姓名、学院、教研室、电话、QQ 号、邮箱、详细住址。

（7）考点数量信息实体图包括编号、试卷类型编号、试卷中的考点数、考纲中的考点数。

（8）课程信息实体图包括编号、课程编号、课程名、课程性质、学时、学分。

（9）班级信息实体包括编号、学院、专业、班级、人数属性。

（10）学生信息实体包括学号、姓名、专业、班级等属性。

2. 逻辑设计

逻辑设计主要是选择一个适合本系统需求的数据模型，选择 MySQL 作为数据库管理系统，搭建数据库。数据库的主要数据表详细结构如下：

user 表：用于存储用户信息，如表 8-1 所示。

表8-1　用户信息表（user）

列名	数据类型	能否为空	主键	描述
userName	int（15）	否	是	教师编号
password	varchar（50）	否		密码
role	varchar（30）	否		权限

testpapertype 表：用于存储试卷类型信息的表，如表8-2所示。

表8-2　试卷类型信息表（testpapertype）

列名	数据类型	能否为空	主键	描述
id	int（11）	否	是	试题编号
course	varchar（30）	能		课程名称
testpapertypenum	int（9）	能		试卷类型编号
bigQuestion	varchar（100）	能		大题序号
minorQuestion	varchar（100）	能		小题序号
fullMark	int（5）	能		满分
testingCentre	varchar（255）	能		考点
questionTypes	varchar（30）	能		试题类型
answerNum	int（5）	能		答案数目

testpaper 表：用于存储考试试卷信息的表，如表8-3所示。

表8-3　考试试卷信息表（testpaper）

列名	数据类型	能否为空	主键	描述
id	int（11）	否	是	编号
testpapernum	int（9）	能		试卷编号
testpapertype	varchar（50）	能		试卷类型
major	varchar（30）	能		专业
year	varchar（30）	能		学年
term	int（2）	能		学期
num	int（9）	能		考试人数
grade	int（5）	能		考试年级

testingnum 表：用于存储考点数目信息的表，如表8-4所示。

表8-4　考点数目信息表（testingnum）

列名	数据类型	能否为空	主键	描述
id	int（11）	否	是	编号
testpapertypenum	int（9）	否		试卷类型编号
testingcentrenum	int（5）	能		试卷中考点数目
alltestingcentrenum	datetime	否		考纲中考点数目

score 表：用于存储成绩信息的信息表，如表 8-5 所示。

表 8-5　成绩信息表（score）

列名	数据类型	能否为空	主键	描述
id	int（11）	否	是	编号
stunum	int（9）	能		学号
testpapernum	int（9）	能		试卷编号
questionid	int（9）	能		试题编号
score	double（3）	能		成绩

schedule 表：用于存储教师授课信息的信息表，如表 8-6 所示。

表 8-6　教师授课信息表（schedule）

列名	数据类型	能否为空	主键	描述
id	int（11）	否	是	编号
teacherId	int（11）	能		教师编号
courseName	varchar（30）	能		课程名
major	varchar（30）	能		专业
className	varchar（30）	能		班级
time	varchar（30）	能		授课时间及地点
year	varchar（30）	能		学年
term	int（2）	能		学期

teacherinfo 表：用于存储教师信息的信息表，如表 8-7 所示。

表 8-7　教师信息表（teacherinfo）

列名	数据类型	能否为空	主键	描述
id	int（20）	否	是	教师编号
teachername	varchar（30）	能		教师姓名
academy	varchar（30）	能		学院
staffroom	varchar（30）	能		教研室
phone	varchar（30）	能		电话
address	varchar（60）	能		详细住址

courseinfo 表：用于存储课程信息的信息表，参照表如表 8-8 所示。

表8-8　课程信息表（courseinfo）

列名	数据类型	能否为空	主键	描述
id	int（11）	否	是	编号
courseId	int（11）	否		课程编号
coursename	varchar（30）	否		课程名
coursenature	varchar（30）	能		课程性质
hour	int（3）	能		学时
credit	int（2）	能		学分
notes	varchar（30）	能		备注

classinfo 表：用于存储班级信息的信息表，如表8-9所示。

表8-9　班级信息表（classinfo）

列名	数据类型	能否为空	主键	描述
id	int（9）	否	是	编号
academy	varchar（30）	能		学院
major	varchar（30）	能		专业
classname	varchar（30）	能		班级
num	int（20）	能		学生人数

studentinfo 表：用于存储学生信息的信息表，如表8-10所示。

表8-10　学生信息表（studentinfo）

列名	数据类型	能否为空	主键	描述
stuId	int（9）	否	是	学号
stuname	varchar（30）	能		学生姓名
major	varchar（30）	能		专业
classname	varchar（30）	能		班级

8.4　系统实现

8.4.1　系统后端实现

系统后端主界面可以对系统后端功能进行指引和导航，以方便管理员操作，其界面如

图 8-36 所示。

图 8-36　网站后台端主界面

系统后台端试卷题型及考点维护可以对试卷题型及考点信息进行维护，其主要分为三个模块分别是试卷类型及考点信息维护，考试试卷信息维护及考点数量信息维护。各模块界面分别介绍如下。

1. 试卷类型及考点信息维护

该界面可以对试卷类型及考点信息进行增、删、改、查操作。查询试卷类型及考点信息列表页面是自动加载的，可以在查询试卷类型及考点信息界面对试卷类型及考点信息进行添加、修改和删除操作；进行添加操作时可以在添加试卷类型及考点信息界面填入相应的试卷类型及考点信息然后保存，当添加操作完成后会在后台添加信息到数据库中，添加的信息也会同步到前台界面当中；进行修改操作可以进入修改界面，进入修改界面后要修改的那条信息也会同步到修改界面中，在修改界面中可以对要修改的信息进行修改，修改完成后数据会存储到数据库中并同步到前台界面。删除界面可以对试卷类型及考点信息进行删除操作，删除完成后相应的信息就会从数据库中删除并且同步到前台界面。试卷类型及考点信息维护界面如图 8-37 所示。

2. 考试试卷信息维护

该界面可以对考试试卷信息进行增、删、改、查操作。查询考试试卷信息列表页面是自动加载的，可以在查询考试试卷信息界面对考试试卷信息进行添加、修改和删除操作；进行添加操作时可以在添加考试试卷信息界面填入相应的考试试卷信息然后保存，当添加操作完成后会在后台添加信息到数据库中，添加的信息也会同步到前台界面当中；进行修改操作可以进入修改界面，进入修改界面后要修改的那条信息也会同步到修改界面中，在修改界面中可以对要修改的信息进行修改，修改完成后数据会存储到数据库中并同步到前台界面。删除界面可以对考试试卷信息进行删除操作，删除完成后相应的信息就会从数据库中删除并且同步到前台界面。考试试卷信息维护界面如图 8-38 所示。

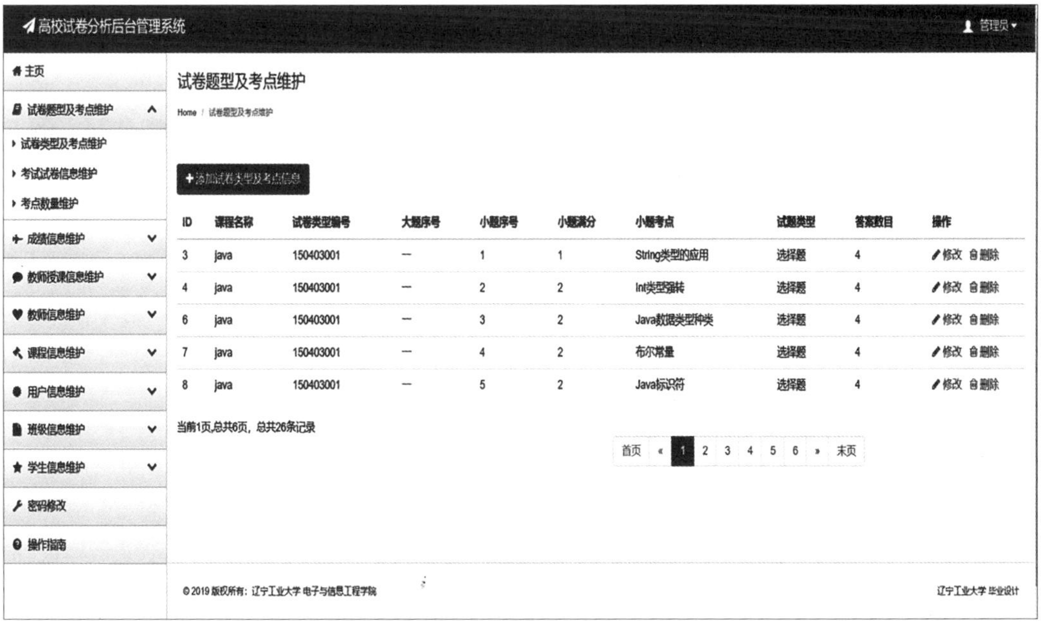

图 8-37　试卷类型及考点信息维护

图 8-38　考试试卷信息维护

3. 考点数量信息维护

该界面可以对考点数量信息进行增、删、改、查操作。查询考点数量信息列表页面是自动加载的，可以在查询考点数量信息界面对考点数量信息进行添加、修改和删除操作；进行添加操作时可以在添加考点数量信息界面填入相应的考点数量信息然后保存，当添加操作完成后会在后台添加信息到数据库中，添加的信息也会同步到前台界面当中；进行修改操作可以进入修改界面，进入修改界面后要修改的那条信息也会同步到修改界面中，在修改界面中可以对要修改的信息进行修改，修改完成后数据会存储到数据库中并同步到前台界面。删除界面可以对考点数量信息进行删除操作，删除完成后相应的信息就会从数据库中删除并且同步到前台界面。考点数量信息维护界面如图 8-39 所示。

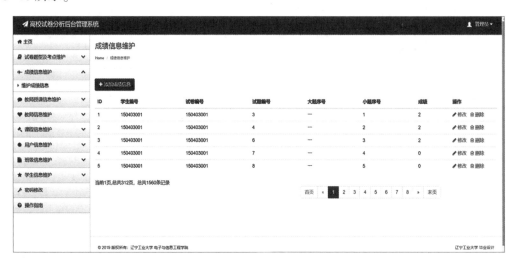

图 8-39　考点数量信息维护

4. 成绩信息维护

成绩信息维护模块主要可以对成绩信息进行增、删、改、查操作。成绩信息维护界面如图 8-40 所示。

图 8-40　成绩信息维护

以上是该系统后端主要功能页面实现的介绍，其他如教师授课信息维护、教师信息维护、课程信息维护、用户信息维护等功能模块，其详细实现及运行结果在此略。

8.4.2　系统前端实现

1. 首页

高校试卷分析系统前台首页左侧为功能菜单列表，鼠标点击上去后会展示具体的功能子菜单；中间为高校试卷分析系统介绍和具体的功能模块，鼠标点击功能模块可以进入该模块的详情界面。高校试卷分析系统前端首页如图8-41所示。

图8-41　系统前端首页

2. 授课信息查询

授课信息查询实现对教师个人授课信息查询，进入授课信息查询界面选择学年或学期就可以从后台数据库中获取教师在该学年该学期的所有授课信息，如图8-42所示。

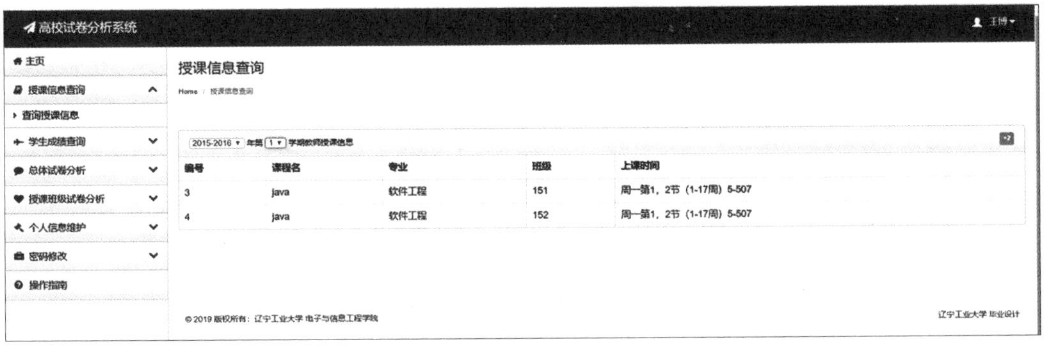

图8.42　授课信息查询

3. 学生成绩查询

学生成绩查询可以实现对教师授课班级的学生某科目成绩信息进行查询，进入成绩信息查询界面选择学年、学期或课程就可以从后台数据库中获取教师在该学年该学期的所有授课班级该科目的成绩信息。成绩查询界面如图8-43所示。

4. 总体试卷分析

主任登录后在总体试卷分析中选择学年、学期或课程就可以通过后端的查询和计算得到总体试卷难度系数、效度、信度等等试卷分析的必备信息，从而完成对全校该学年、该学期以及该课程的考试试卷信息的分析。总体试卷分析界面如图8-44所示。

5. 试卷总体定量分析列表

主任登录后在试卷总体定量分析中选择学年、学期或课程就可以对全校该学年、该学期以及该课程的考试试卷信息进行总体定量分析，得到每个知识点的平均分、难度系数和区分度等试卷分析的参考信息。试卷总体定量分析界面如图8-45所示。

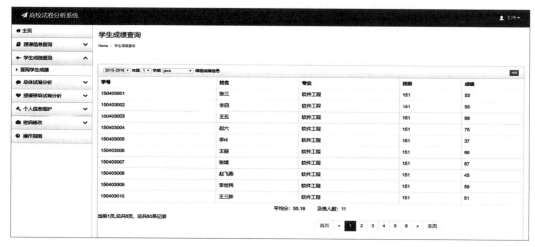

图 8-43　成绩查询

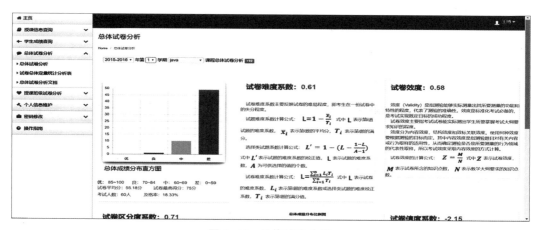

图 8-44　总体试卷分析

图 8-45　试卷总体定量分析

6. 总体试卷分析文档

主任登录后在总体试卷分析文档中选择学年、学期或课程就可以生成全校该学年、该学期以及该课程的总体试卷分析文档；得到总体试卷分析文档后，可以点击导出总体试卷分析文档按钮，将总体试卷分析文档导出为 Word 文档，如图 8-46 所示。

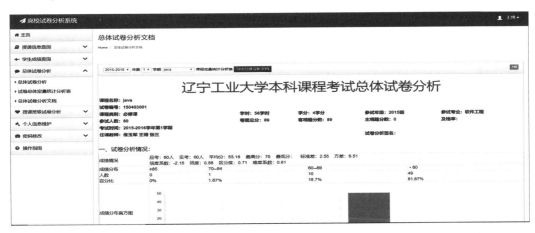

图 8-46　总体试卷分析文档

7. 授课班级试卷分析

主任登录后在授课班级试卷分析中选择学年、学期或课程就可以对教师本人该学年、该学期以及该课程的考试试卷信息进行分析，得到授课班级的成绩分布直方图、比例图、平均分、方差、标准差等等试卷分析的参考信息。授课班级试卷分析界面如图 8-47 所示。

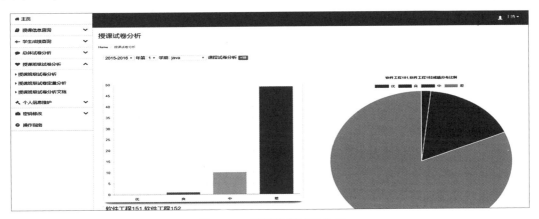

图 8-47　授课班级试卷分析

8. 授课班级试卷定量分析

主任或教师登录后在授课班级试卷定量分析中选择学年、学期或课程就可以对教师该学年、该学期以及该课程的考试试卷信息进行定量分析，得到每个知识点的平均分、难度系数和区分度等试卷分析的参考信息，如图 8-48 所示。

9. 授课班级试卷分析文档

主任或教师登录后在授课班级试卷分析文档中选择学年、学期或课程就可以生成教师该学年、该学期以及该课程的授课班级试卷分析文档，得到授课班级试卷分析文档后可以点击导出授课班级试卷分析文档按钮将授课班级试卷分析文档导出为 word 文档。试卷总体分析文档界面如图 8-49 所示。

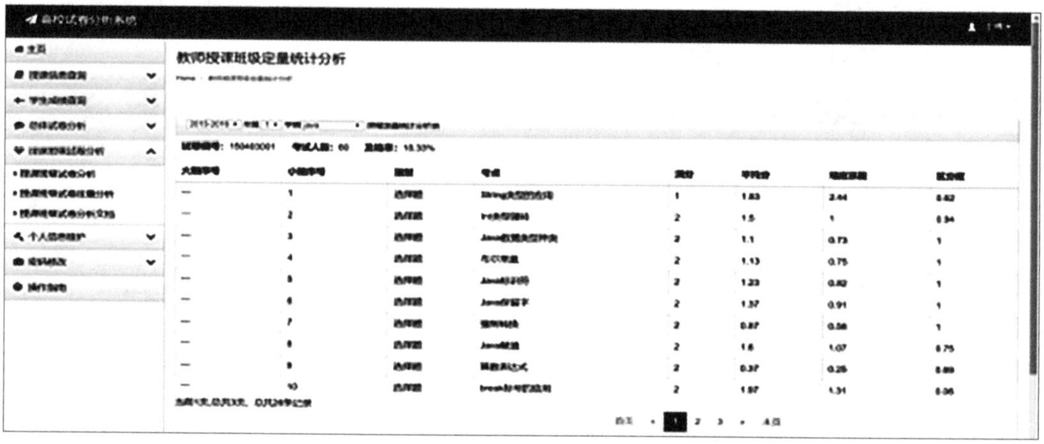

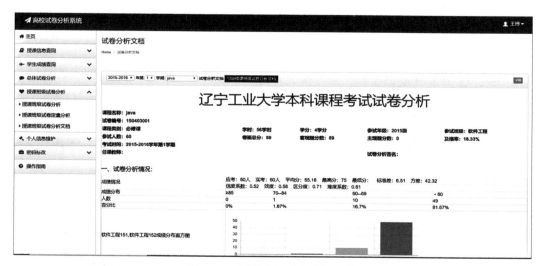

图 8-48　授课班级试卷定量分析

图 8-49　授课班级试卷分析文档

以上是系统部分主要功能页面实现的介绍，其他如密码修改、操作指南、个人信息维护等功能模块，其详细实现及运行结果在此略。

8.5　系统测试

1. 系统测试方法

系统测试是在已经完成以上所有的步骤：需求分析、系统设计、数据库设计、系统实现过后，软件开发过程的最后一个步骤。为了确保上线过后的正常运行，我们必须要对系统进行全方面的测试以确保不会出现差错。

常用的系统测试有两种方法：

（1）黑盒测试：黑盒测试主要在软件的接口处进行测试。黑盒测试分为功能测试和性能测试两部分。功能测试就是检验该系统有没有按照需求说明书上所要求的那样，完成指定的功能；性能测试主要测试的是时间性能和空间性能。

（2）白盒测试：是对软件详细代码的测试。系统运行过程中，检查软件的代码是否会出现错误。一旦出现了错误，要查看是运行时错误还是检查时异常。

2. 系统测试过程及分析

高校试卷分析系统具体测试工程为：

（1）登录功能测试用例，登录测试用例如表8-11所示。

表8-11　用户登录测试用例

编号	测试项	操作步骤	预期结果	输入数据	实际结果	结果比较
001	用户登录	不输入用户名	弹窗提示"用户名和密码不能为空！"	密码：123456	弹窗提示"用户名和密码不能为空！"	符合
002	用户登录	不输入密码	弹窗提示"用户名和密码不能为空！"	用户名：150403003	弹窗提示"用户名和密码不能为空！"	符合
003	用户登录	输入错误用户名或密码	弹窗提示"用户名不存在！"	用户名：186245 密码：12358	弹窗提示"用户不存在！"	符合
004	用户登录	输入正确的用户名和密码	跳转主界面	用户名：150403003 密码：123456	跳转主界面	符合

（2）登录功能测试过程。

测试001，系统运行后点击登录界面，用户名栏不输入数据，密码输入正确，会弹出提示"用户名和密码不能为空！"，结果如图8-50所示。

图8-50　无用户名登录界面

测试002，系统运行后点击登录界面，用户名输入正确数据，密码则不输入数据，会弹出提示"用户名和密码不能为空！"，结果如图8-51所示。

测试003，系统运行后点击登录界面，用户名输入错误数据，密码也输入错误数据，会弹出提示"用户不存在！"，结果如图8-52所示。

图 8-51　无密码登录界面

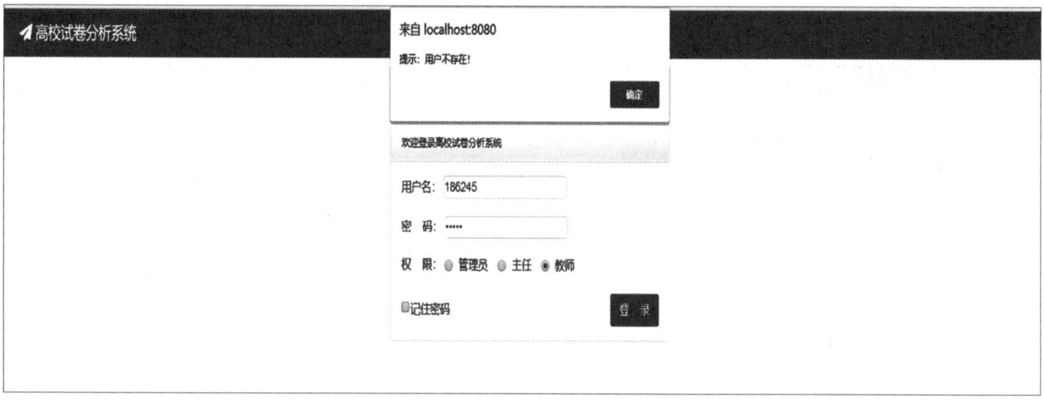

图 8-52　用户名错误登录界面

测试 004，系统运行后点击登录界面，用户名输入正确数据，密码输入正确数据，会跳转到主界面，结果如图 8-53 所示。

图 8-53　登录成功界面

（3）授课班级试卷分析测试用例。

授课班级试卷分析功能模块分为授课班级试卷分析、授课班级试卷定量分析、授课班级试卷分析文档三个模块，其测试用例如表 8-12 所示。

表 8-12　授课班级试卷分析测试用例

编号	测试项	操作步骤	预期结果	输入数据	实际结果	比较说明
005	授课班级试卷分析	选择错误的学年	弹窗提示"没有该授课信息!"	学年：2018-2019	弹窗提示"没有该授课信息!"	符合
006	授课班级试卷分析	选择正确的学年、学期和科目	获取到授课班级试卷分析信息	学年：2015-2016 学期：1 科目：Java	获取到授课班级试卷分析信息	符合
007	授课班级试卷定量分析	选择错误的学年	弹窗提示"没有该科目的成绩信息!"	学年：2018-2019	弹窗提示"没有该科目的成绩信息!"	符合
008	授课班级试卷定量分析	选择正确的学年，学期和课程	获取到授课班级试卷定量分析信息	学年 2015-2016 学期：1 科目：Java	获取到授课班级试卷定量分析信息	符合
009	授课班级试卷分析文档	选择错误的学年	弹窗提示"考试成绩没有录入!"	学年：2018-2019	弹窗提示"考试成绩没有录入!"	符合

（4）授课班级试卷分析测试过程。

测试 005，系统运行登录后点击授课班级试卷分析界面，在授课班级试卷分析界面选择错误的学年，会弹出提示"没有该授课信息!"，结果如图 8-54 所示。

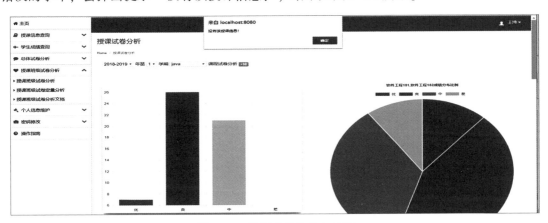

图 8-54　选择错误的学年界面

测试 006，系统运行登录后点击授课班级试卷分析界面，在授课班级试卷分析界面选择正确的学年、学期和课程，获取到授课班级试卷分析信息，结果如图 8-55 所示。

测试 007，系统运行登录后点击授课班级试卷定量分析界面，在授课班级试卷定量分析界面选择错误的学年，弹窗提示"没有该科目的成绩信息!"，结果如图 8-56 所示。

测试 008，系统运行登录后点击授课班级试卷定量分析界面，在授课班级试卷定量分析界面选择正确的学年、学期和课程，获取到授课班级试卷定量分析信息，结果如图 8-57 所示。

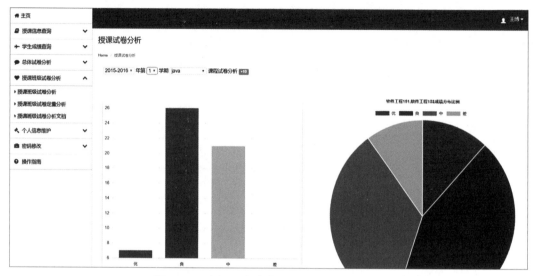

图 8-55　选择正确的学年、学期和课程界面

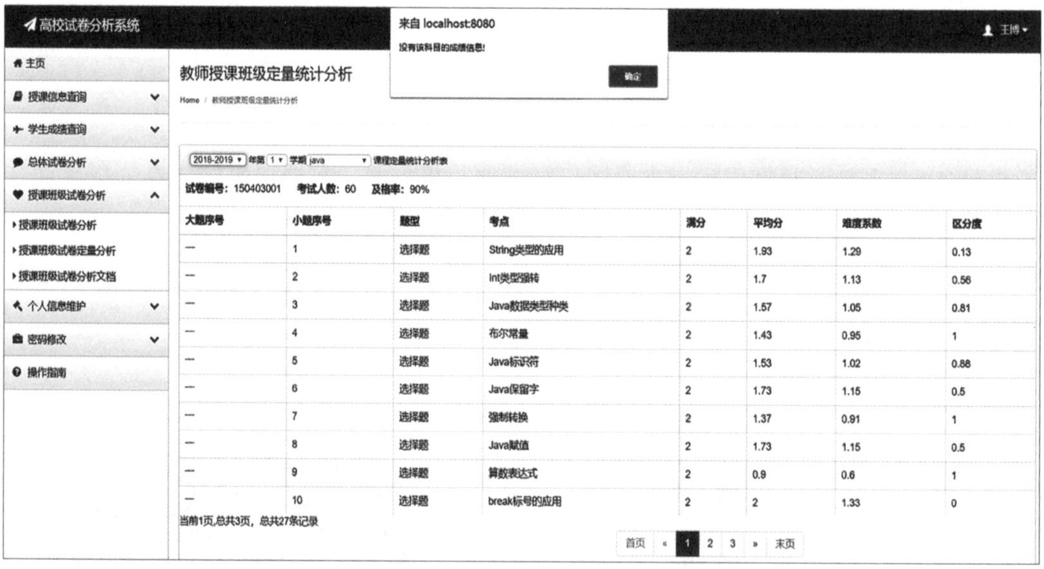

图 8-56　选择错误的学年界面

　　测试 009，系统运行登录后点击授课班级试卷分析文档界面，在授课班级试卷分析文档界面选择错误的学年，会弹出提示"考试成绩没有录入！"，如图 8-58 所示。

　　以上是系统部分主要功能的测试案例，其他如总体试卷分析、教师信息维护、课程信息维护、用户信息维护等功能，其详细测试案例及测试结果在此略。

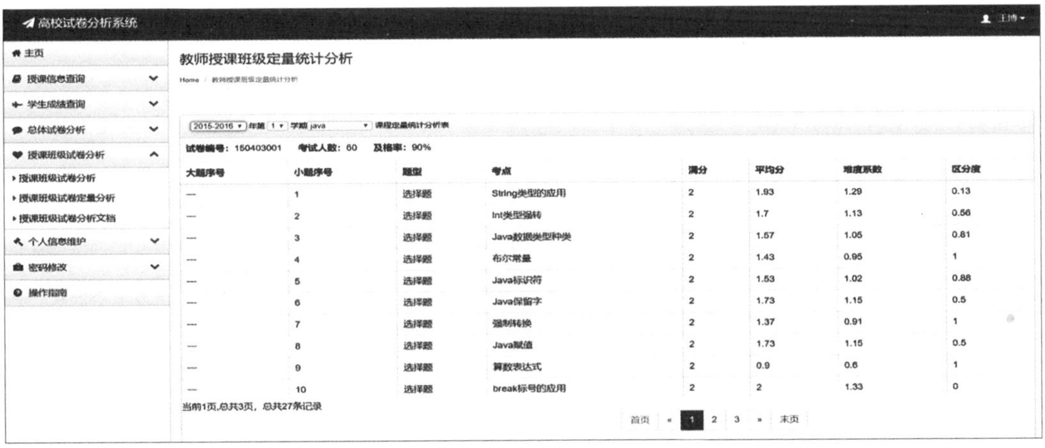

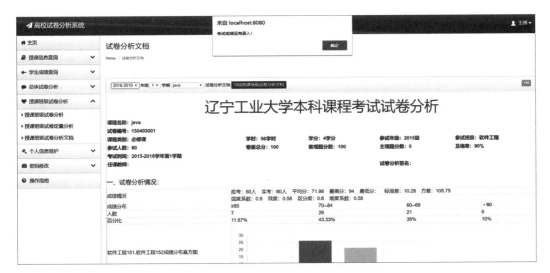

图 8-57　选择正确的学年、学期和课程界面

图 8-58　选择错误的学年界面

参 考 文 献

[1] 张海藩. 软件工程（第二版）[M]. 北京：人民邮电出版社，2005.

[2] 齐治昌，谭庆平，宁洪. 软件工程 [M]. 北京：高等教育出版社，2000.

[3] 郑人杰，殷人昆，陶永雷. 实用软件工程（第二版）[M]. 北京：清华大学出版社，2001.

[4] 张海藩，牟永敏. 软件工程导论（第6版）[M]. 北京：清华大学出版社，2013.

[5] 郑人杰，马素霞，殷人昆. 软件工程概论 [M]. 北京：机械工业出版社，2010.

[6] 李爱萍，崔冬华，李东生. 软件工程 [M]. 北京：人民邮电出版社，2015.

[7] 窦万峰等. 软件工程方法与实践 [M]. 北京：机械工业出版社，2009.

[8] 李代平等. 软件工程综合案例 [M]. 北京：清华大学出版社，2009.

[9] Sommerville. Software Engineering（8 Edition）[M]. 北京：机械工业出版社，2006.

[10] Martin Host. Software Engineering Guidelines and Examples [M]. New Jersey：Wiley，2012.

[11] Hans Van Vliet . Software Engineering Principles and Practice [M]. New Jersey：Wiley，2008.

[12] Dines Bjorner. Software Engineering 3：Domains，Requirement and Software Design [M]. Berlin：Springer，2010.

[13] 张海藩，吕云翔. 软件工程学习辅导与习题解析 [M]. 北京：人民邮电出版社，2013.

[14] 张海藩. 软件工程导论学习辅导 [M]. 北京：清华大学出版社，2005.

[15] 千锋教育高教产品研发部. Java EE（SSM）企业应用实战 [M]. 北京：清华大学出版社，2019.

[16] 王珊，萨师煊. 数据库系统概论（第5版）[M]. 北京：高等教育出版社，2014.

[17] 李辉. 数据库系统原理及 MySQL 应用教程 [M]. 北京：机械工业出版社，2019.

[18] 刘瑞新. 数据库系统原理及应用教程（第4版）[M]. 北京：机械工业出版社，2014.

[19] 武剑洁. 软件测试实用教程——方法与实践（第2版）[M]. 北京：电子工业出版社，2012.

[20] 谷志峰，李同伟. JSP 程序设计实例教程 [M]. 北京：电子工业出版社，2017.

[21] 王石磊. HTML5 开发从入门到精通 [M]. 北京：机械工业出版社，2016.

[22] 汪诚波，宋光慧. Java Web 开发技术与实践 [M]. 北京：清华大学出版社，2018.

[23] 吴宁. MySQL 数据库基础教程 [M]. 北京：人民邮电出版社，2021.

[24] 韩万江，姜立新. 软件项目管理案例教程（第4版）[M]. 北京：机械工业出版社，2019.

[25] 任永昌. 软件项目管理 [M]. 北京：清华大学出版社，2012.